光文社古典新訳文庫

ロウソクの科学

ファラデー

渡辺政隆訳

kobunsha classics

光文社

Title : THE CHEMICAL HISTORY OF A CANDLE
1861
Author : Michael Faraday

目次

ロウソクの科学

序文

原始的な松明《たいまつ》からパラフィンロウソクまでの隔たりはどれほどのものでしょう。両者はあまりにも対照的です。家に明かりを灯すための手段は、文明の尺度となります。アジアの粗末な素焼きの器の中で燃やすタールから、造作はみごとですが作業場の明かりとしては役に立たないエトルリアのオイルランプ、明かりよりもむしろ臭気でイヌイットやサーミ人[1]のテント小屋を満たしてしまうクジラやアザラシ、クマの獣脂《じゅうし》、そして教会のまばゆい祭壇を照らすワックスロウソクや街路のさまざまなガス灯まで、それぞれに語るべき物語があります。それらが語り出すとしたら、いずれもみな独自の語り口で、聞く人の心を温めてくれることでしょう。人々の快適さ、家庭の愛、労働、献身にいかに仕えたかを語ってくれるはずなのです。

古代においても、火炎を崇拝したり火を扱う何百万人ものなかには、火の神秘に思いをはせる者もいたことでしょう。もしかしたら明晰な頭脳の持ち主で、その真実に肉薄していた者もいたかもしれません。しかし、どうしようもなく無知だった時代が長く続いた後、わずか一世代ほどの間に真実が解明されたということを考えてもみましょう。

推理の鎖は、原子一つずつの歩みで構築されてきました。しかし、拙速な推理や根拠薄弱な推理は放棄され、より優れた推論に置き換えられてきました。そして今、大いなる現象の実体が解明されています。その輪郭は確固たる線で正確に描かれ、細部は手練《てだ》れの画家たちが仕上げています。この講座を受けた子供たちは、アリストテレスよりも火について詳しくなったことでしょう。

ロウソクの明かりは、自然の暗所を照らしてくれます。吹管分析と分光分析は[2]、地殻の歴史についての知識を追加しつつあります。しかしまずは、松明《たいまつ》から始めるべき

1 原文はエスキモーとラップ人。

2 吹管分析は、木炭上に金属試料を置き、先端が細くなった金属製の管（吹管）でアルコールランプなどの炎を吹きつけ、試料の変性のしかたで成分を調べる方法。分光分析は、炎色反応で発する光をプリズムで分光し、スペクトルを観察することで試料の成分を調べる方法。

でしょう。

本書を読み、科学の研究に身を捧げる人も出てくるかもしれません。科学の灯火《ともしび》を灯し続けましょう。「炎を絶やすな（Alere flammam）」

W. C.

第一回　ロウソク

はじめに

こんにちは、みなさん。わざわざこの場に足を運んでくれたみんなのために、この連続講義では、「ロウソクの科学」という話をします。これは以前にも取り上げたテーマなのですが、私が好きなように決められるとしたら、毎年でも選びたいほど気に入っているテーマです。なにしろ、興味深いことがたくさん詰まっているうえに、自然現象を探るさまざまな分野と関係する、驚くほどたくさんの引き出しがあるからです。この宇宙を支配する法則で、ロウソクに秘められた現象と関係のない法則、作用していない法則など一つもないほどです。ロウソクが見せる物理現象について学ぶことが、自然科学に入門するための、もっとも入りやすい最良の入り口なのです。なので、何か別の新しいテーマを選んだほうがよさそうに思うかもしれませんが、そんなことはない、みんなをがっかりさせることはないことを保証します。

ずいぶん難しそうなことを言ってしまいました。もちろん、とても重要な話題なので、手抜きをするつもりはありませんし、科学的な内容をきちんと伝えるつもりです。でもだいじょうぶ。ここに列席している大人はいないものとして、みんなにわかるように進めるつもりですから。自分も子供になったつもりで子供向けに話すというのは、私にとってまたとない機会です。これまでの講座でもそうしてきました。今回も、そうさせてもらいます。もちろん、一般講演会という場だということは承知しています。それでもこの連続講義では、目の前にいるみんなにわかる内容に徹するつもりです。

さまざまなロウソク

それでは始めましょう。まず、ロウソクは何でできているか知っていますか。じつは、とても珍しいロウソクもあります。ここに持ってきたのは、燃えやすいことで有名な木材の枝です。特にこれはすごいですよ。アイルランドの沼地で採れる「ロウソクの木」と呼ばれるものです。ものすごく硬くてじょうぶな木材なので、力がかかる部分によく使われています。ところがとてもよく燃えるという性質もあってロウソクのように明るく燃えるので、この木材が採れる地方では、木っ端を火つけに使ったり、松明《たいまつ》代わりにしています。なのでこの木材は、ロウソクがもつ一般的な性質のいちばんの例になります。

この木片は、燃料になるもの、化学反応が起こる場所にその燃料が運ばれる手段、その化学反応に空気が少しずつ確実に供給されることで光と熱が発生する仕組みを備えていることで、天然のロウソクとなっているのです。

市販のロウソクに話を移しましょう。これはディップ式ロウソクです。作り方は、木綿の糸を切ってリングから吊るし、溶けた獣脂《じゅうし》の中に浸《ひた》して（ディップして）から引き上げ、冷めたらまた浸しということを繰り返し、芯のまわりに獣脂が付着して適当な太さになるまで続けます。私が持っているロウソクを見れば、ロウソクにはいろいろなものがあることをわかってもらえると思います。

これはとても細くて変わったロウソクですね。炭鉱夫が使っていたロウソクです。その昔は、炭鉱夫はロウソクを自分で用意していました。細いロウソクのほうが、坑内にたまっている爆発しやすいガスに火がつきにくいと信じられていました。それと、経済的な理由もありました。彼らは、こういうロウソクを、五〇〇グラムほど[3]の獣脂から二〇本とか、三〇本、四〇本、六〇本も作っていたのです。その後、炭鉱の明かりは、鋼鉄の歯車を回転させて火打ち石で火花を発生させるスチール・ミルに取って代わられました。そして、ランプの炎を鋼鉄の網で囲ったデイビーランプなどの安全灯が使われるようになりました。

こちらのロウソクは、スピットヘッド沖で一七八二年八月二九日に沈没したロイヤル・ジョージ号から、一八三九年にパスリー大佐が回収したとされるロウソクです。五十何年も海に沈んでいたわけで、その間、海水の作用を受けていたはずです。これを見れば、ロウソクはずいぶん長持ちすることがわかります。折れてひびも入っていますが、火をつければ、ふつうに燃えます。獣脂は、溶ければすぐに元の状態を取り戻すのです。

ロウソクの作り方

ランベスでロウソク工場を経営しているフィールドさんから、美しいロウソクの見本と材料をたくさんいただきましたので、その話をしましょう。

最初はロシア産のスエットと呼ばれる牛脂です。先ほどの糸を芯にしたロウソクの原料がこれだと思います。フランスの化学者ゲイ・リュサック[4]か誰かが専門知識を活用して、これを、その横に置いてあるまっ白なステアリンという材料に変えました。今のロウソクは、昔の牛脂ロウソクとはちがい、脂ぎってはいませんよね。削れば粉みたいになるし、垂れたしずくのせいでまわりが汚れることもありません。ゲイ・リュサックのおかげです。

製法としてはまず、牛脂を生石灰《せいせっかい》といっしょに熱して石鹸にします。その石鹸を硫酸で分解すると石灰が除かれ、脂肪分がステアリン酸に変化すると同時に、大量のグリセリンという、砂糖みたいに甘い物質ができるのです。それに圧力をかけると、オイル成分が抜けます。かける圧力を高めることで、不純物をオイル成分といっしょに段階的に取り除いた結果が、ここに並べた固形物です。最後に、ロウソクを作るための原料が得られます。

今説明した方法で牛脂から得られたステアリン酸で作ったロウソクがこれです。こ

3　原文は一ポンド（約四五四グラム）。
4　ゲイ・リュサック（一七七八〜一八五〇）はフランスの化学者・物理学者。

ちらは、鯨油《げいゆ》を精製したオイルから作った鯨油ロウソクです。そちらのは、ロウソクの原料となる黄色い蜜蠟《みつろう》とそれを精製した蠟です。アイルランドの沼地で採れるパラフィン（石蠟《せきろう》）という物質と、それで作ったパラフィンロウソクもそちらにあります。遠い異国の日本に開国を迫ったおかげで手に入った材料もありますよ。これは親切な友人が送ってくれた蠟の一種で、これを原料にすれば新しいロウソクが作れます。

こちらのロウソクは、モールド式ロウソクと呼ばれるもので、ディップ式ロウソクとは作り方がちがいます。作り方を説明しましょう。こちらは鋳型《いがた》（モールド）に入れて作るのです。これらのロウソクのどれかは、鋳型に入れられる材料で作られていると想像してください。そう、「鋳型！」なんです。「そりゃそうだ、ロウソクは溶けるものなのだから、溶かせれば鋳型で作れても不思議じゃない」と思うでしょ。ところがそうでもないんです。

鋳型でどんなロウソクでも作れるわけではないのです。蠟製のロウソクを鋳型で作ることはできません。別の方法で作られています。製造業が発展し、望みの結果を生み出すのにぴったりな方法を考案する中で、想像もしていなかったすごいことが起こるものなのです。その方法を説明するのに時間はかかりませんが、ここでは省略します。蠟はとても燃えやすいうえに、ロウソクにするとすぐに溶けてしまうので、鋳型では作れないとだけ言っておきます。

その代わりに、鋳型で作れるほうを考えてみましょう。これは、たくさんの鋳型を組み込んだ枠です。まず最初に、鋳型に灯芯を通さなければなりません。ここに取り出したのは、綿を織った糸の灯芯で、この灯芯だと、燃やしている途中で芯切りをする必要がありません。

灯芯を細い針金を使って鋳型の底の穴に通し、ペグで固定します。このペグは、底の穴から液体が流れ出るのを防ぐ役目もします。鋳型が並んでいる枠の上部に細い横木を渡し、そこに灯芯の端をひっかけます。こうすることで、灯芯は鋳型の中でぴんと張った状態に保たれます。

溶かした獣脂をこの鋳型に流し込みます。獣脂が冷えたところで余分な獣脂を上からこぼし、きれいに拭き取ります。はみ出ている灯芯の端はカットします。そうすると、鋳型の中にロウソクだけが残るのです。ロウソクは根元よりも先端のほうが細い円錐状で、鋳型の中では上下逆さまになっています。しかも獣脂が冷える過程で、体積が少し縮みます。なのであとは、こんなふうに、鋳型を枠ごと逆さまにしてちょっと揺するだけで、ロウソクが飛び出してきます。ステアリンのロウソクやパラフィンのロウソクも、これと同じ方法で作られています。

蜜蠟ロウソクの作り方は、もう少し手間がかかります。まず、たくさんの灯芯をリング状の枠からぶら下げます。その先端は、蠟がつかないように、金属のタグでとめておきます。これを、蠟を温めて溶かしている窯の上に運びます。このリングは、ぐるぐると回せます。リングを回しながら、灯芯に蜜蠟を順番にかけていくのです。一つにかけてはリングを回し、二つめにかけるということを繰り返して一巡させます。蠟が冷めたなら、二巡目に入ります。それを、灯芯に付いた蠟が必要な太さになるまで続けるのです。蠟をまとって十分な太さになったところで、枠からはずします。フィールドさんのご厚意で、そうやって作ったロウソクの見本を用意しました。これはまだ製造途中のものです。これを目の細かい砥石《といし》の上でゴロゴロと転がして表面をすべすべにしてから、先端を特別な形にした型に入れ、尖った形状に整え、後端は切断して角をとります。これでできあがり。

製造法にばかり時間をかけているわけにはいきませんね。少しずつ本題に入っていきましょう。じつは、簡素なロウソクばかりではなく、贅沢《ぜいたく》なロウソクもあります。

ええ、高級なロウソクがあるのです。

どうです、じつにきれいな色のロウソクでしょう。藤色や赤紫のほか、最近になってロウソクに使われるようになった化学染料のものもあります。形もいろいろですよ。縦溝が彫り込まれたこれなども美しいですね。ピアソールさんが送ってくれたこのロウソクのデザインは、火を灯すと、花束の上で太陽が輝いているように見えます。

しかし、豪華で美しいロウソクだからといって使い勝手がよいとはかぎりません。縦溝が彫られたロウソクは、豪華に見えますが、ロウソクとしてはダメです。外形の造りのせいです。それなのに、あちこちの友人が送ってくれたこれらの見本をあえて持ってきたのは、ロウソクにどんな細工ができるかを見てもらうためです。ただし、今も言ったように、細工に凝ると、実用性がいくらか損なわれてしまうのは、しかたのないことなのです。

炎の源

では次に、ロウソクの明かりの話をしましょう。実際に火をつけて、本来の機能を発揮させます。ロウソクとランプはずいぶんちがうものだということがわかりますよね。ランプは、油壺《あぶらつぼ》に油を入れ、苔《こけ》か木綿《もめん》の芯を浸してその先端に火をつけます。炎は芯を伝わって油まで達しますが、そこで消えてしまいます。しかしその間も、芯の先端部分では炎が燃えています。不思議ですよね。油のほうは燃えずに、芯を伝わった先だけで燃えるのはなぜなのでしょう。これからそれを確かめます。

しかしじつは、ロウソクの燃焼ではもっとすごいことが起こっています。ロウソクの燃料は固形で、油壺がありませんよね。この固形燃料はどうやって炎のところまで届くのでしょう。液体ではない固形燃料なのにどうやって。あるいは、液体になるのだとしたら、形が崩れないのはなぜなのでしょう。これこそが、ロウソクのすごいところなのです。

それにしても、風がありますね。風があったほうがよいこともありますが、邪魔《じゃま》になることもあります。条件を単純にして規則性を出すために、風をさえぎって炎を安定させましょう。本質と関係のない雑音があったのでは、精密な研究はできません。

露店で野菜や魚を売っている行商人や露天商は、夜店を出すときにはロウソクを火屋《ほや》で覆っていますよね。賢いくふうです。私は見るたびに感心しています。ロウソクをランプの火屋で囲っているからです。火屋は火屋受けみたいなしかけに取りつけられていて、必要に応じて上下させられるようになっています。それにならってここでもランプの火屋を使えば、炎を安定させられます。よく見ておいてください。家に帰って、自分でもできるように。

炎が安定しました。最初に気づくことは何ですか。そう、ロウソクのてっぺんがきれいにくぼんでいますね。ロウソクのまわりの空気は、炎の熱で生じた気流のせいで上昇します。ロウソクの蠟の外側はその空気で冷やされているため、くぼみの縁《ふち》はその内側よりも低温になっています。くぼみの内側は、熱のせいで溶けていますが、外側は固形のままです。一方、灯芯を燃やす炎が、くぼみに溶けてたまった蠟に燃え移ることはありません。ランプと同じ原理ですね。

ここでロウソクの横から一方向に風を送ると、くぼみの縁が崩れ、溶けた蠟が流れ落ちます。世界をまとめている重力が溶けた蠟にも作用して表面を水平に保っているため、くぼみの縁が傾けば、蠟はそこからこぼれて垂れ下がることになってしまうのです。ということは、ロウソクの側面全体を気流が一様に冷やしているおかげで、てっぺんのくぼみが作られているということです。このようなくぼみを作り出せないような燃料は、ロウソクには使えません。例外はアイルランドの泥炭地で採れる埋もれ木でしょう。それは材自体がスポンジ状で、油分を含んでいるからです。

これで、先ほど見せた彫刻入りのロウソクが実用の役に立たないわけがわかります。形状が均一ではないせいで、美しく縁どられたくぼみができないからです。見かけの美しさよりも、燃焼が完全に進むという実用性こそが、ロウソクにとってはなによりの利点であるということを、ぜひわかってください。

ロウソクの良し悪しは、見かけではなく、燃え具合で決まるのです。見かけのよいこのロウソクは、あまりよくは燃えません。外形がいびつなため気流が乱れ、きれいなくぼみができないせいで、蠟がだらだらと垂れてしまうからです。

ロウソクの側面に蠟垂れが一本でもできて、その部分の厚みが増すと、ロウソクの側面を冷やす上昇気流の作用をはっきりと確かめることができます。ロウソクが燃え続けるうちに、蠟垂れはさらに成長して柱のように側面にはりつきます。側面からせり出すことで、ほかよりも多くの部分が上昇気流にさらされるせいでその部分の温度も下がり、近くで燃えている炎の影響を受けることも少なくなって、さらに成長してしまうという悪循環に陥ってしまうのです。

まあ、たいていの場合がそうであるように、ロウソクをめぐるこの欠陥と失敗も、それが起きなければ決して得られない教訓を与えてくれます。こういう経験が研究者を成長させるのです。そこでみんなにお願いがあります。こんなふうにある結果が得られたとき、特に新しい結果が得られたときには必ず、「そうなった原因は何？　どうしてそうなったのだろう？」という疑問をもつ習慣を身につけてください。そうすれば、いつかその原因を発見できると思います。

ロウソクの構造

ロウソクに関してはほかにも気になる点があります。溶けた蠟はどうやってくぼみから出て灯芯を伝わり、燃焼場所に達するのでしょう。

すでに説明したように、蜜蠟やステアリン、鯨油などから作られたロウソクの灯芯を燃やしている炎が、蠟の部分まで達して溶かしてしまうことはありません。灯芯の先端で燃えているだけです。下の燃料からは隔てられており、くぼみの縁を溶かすこともありません。

ロウソクの燃焼は、全体を通して各部分が互いを補完し合っているのです。これほどみごとな調整の例があるでしょうか。じつに美しい眺めです。炎の威力はすごいですよね。炎に包まれれば、蠟はただちに溶けてしまいます。炎に近づけただけでも、形が崩れてしまいます。とても燃えやすいものなのに、ゆっくりと燃焼し、炎がほかの部分を侵食することはありません。

　では、炎はどうやって燃料を手に入れているのでしょう。これがまた、「毛細管引力」というみごとな仕組みによるものなのです。「えっ？」と思うかもね。だって、別の読み方をすると「髪の毛の魅力」とも聞こえますからね。[5] でも、呼び名は気にしないでください。だいぶ昔、実際にどのような力がはたらいているかわかる前につけられた名前なので。

　炎を燃やす燃料が、まさに燃焼が起こっている場所に運ばれ、燃焼作用の中心地にみごとに留《とど》まる現象の原因が、毛細管引力です。他の例をあげましょう。混ざり合うはずのない二つのものを結びつける作用がこの力です。

　手を洗うと手が濡れますよね。その際に石鹸を使うと、さらによく濡れます。これにも、毛細管引力が関係しています。あるいは、よく洗って汚れを落とした手先をぬるま湯に浸しておくと、指に沿ってお湯が少しだけ這い上がっていることに気づくかもしれません。

ここに取り出したのは盛り塩です。盛り塩をのせた皿に液体を注《そそ》ぎます。水みたいに見えますが、もうこれ以上は塩が溶けない飽和食塩水です。つまりこれから起ることは、盛り塩が食塩水に溶けて起きたことではありません。皿はロウソク、盛り塩は灯芯、食塩水は溶けた獣脂だと思ってください。食塩水には、何が起きたかわかるように、青い色をつけてあります。

さあ注《そそ》ぎますよ。色水が盛り塩の中の隙間をゆっくりと上がっていくのが見えますね（図1）。盛り塩が崩れなければ、色水は、最後は頂点まで届くはずです。

この色水が可燃物で、盛り塩のてっぺんに灯芯を立てておけば、色水が灯芯に浸《し》み込んだ時点で、火をつけられるようになるはずです。目の前でこんなことが起こったり、その起こり方が不思議だったりすると、思わず「へえ」と思ってしまいますよね。

手を洗った後は、タオルで手を拭いて乾かします。それは、手についた水分をタオルに吸わせているわけです。じつは、その際にタオルが濡れるのも、灯芯が獣脂を吸い込むのと同じことで、毛細管引力によるものなのです。

5　毛細管引力の原語はcapillary attractionで、文字通りには「毛状の魅力」という意味になる。

図1　盛り塩をのぼる水

みんな、洗面器で手を洗った後、手を拭いたタオルを、不注意にも洗面器にかけっぱなしにしていませんか。注意深い人でもやりがちなことですが、タオルの端が洗面器の水に浸《つ》かっていたら、大変なことになりますよね。タオルによって洗面器から水が吸い上げられてそのまま床に垂れてしまうという大惨事が。これは、たまたま洗面器に引っかけられたタオルがサイフォンの役目をしてしまうせいです。

ここに取り出したのは、細い針金で編んだ目の細かい小さな金網のかごです。中には水がたまっています。これを見てもらえば、これまでの例で、物質どうしの作用がどうなっているかが、さらにわかるはずです。

　このかごを、木綿の灯芯や手拭きだと思ってください。金網製の灯芯も実際にあるんですよ。このかごは、今は水がたまっていますが、実際には穴だらけです。その証拠に、水を少し継ぎ足すと、底からこぼれます。ここで、「このかごはどんな状態ですか、中に入っているのは何ですか、それはなぜそこに留まっているのでしょう」と質問したら、返事に困りませんか。かごは水でいっぱいなのに、水を継ぎ足すと、まるで空っぽであるかのように、水が通り抜けていきますからねえ。それを説明するには、かごを空っぽにするだけですみます。

　水に濡れた針金は、濡れたままです。金網の目がとても細かいと、水は四方の針金から引っ張られた状態になります。そのため、金網は穴だらけなのに、水が漏れないのです。溶けた獣脂の粒子もそれと同じで、糸芯をのぼっていって先端に達します。粒子間の引力によって他の粒子もそれにつられてのぼっていき、炎に達したところで順番に燃えていくのです。

　それと同じ原理がはたらいている別の例もあります。これは短く切った籐《とう》の茎です。

大人ぶりたがる少年が、こんな籐に火をつけて、葉巻みたいに口でふかしているのを通りで見かけたことがあります。そんなことができるのは、籐の茎には毛細管が通っていて、一方向に空気を通すからです。

この籐を、カンフェンという、性質がパラフィンによく似た精油の入った皿に立ててみます。すると、盛り塩を色水がのぼっていったように、カンフェンが籐の中をのぼっていきます。籐の側面には穴が開いていないので、カンフェンはまっすぐのぼり続けるしかありません。籐のてっぺんに達したみたいですね。これに火をつければ、ロウソクのように燃えます。ロウソクの糸芯が燃料を吸い上げたように、籐の毛細管引力がカンフェンを吸い上げているのです。

炎が灯芯を伝わって下方に広がり、ロウソクそのものを燃やしてしまわないのはなぜなのでしょう。それは、溶けた蠟が炎を消してしまうからにほかなりません。試しに火のついたロウソクを逆さまにしてみてください。すると溶けた蠟が灯芯を伝い落ちて、炎を消してしまいます。その理由は、炎には、蠟が発火するほどまで熱するだけの暇が与えられなかったからです。立てたロウソクでは、灯芯に燃料が少しずつ運ばれるため、炎の熱がその効果を発揮できるのです。

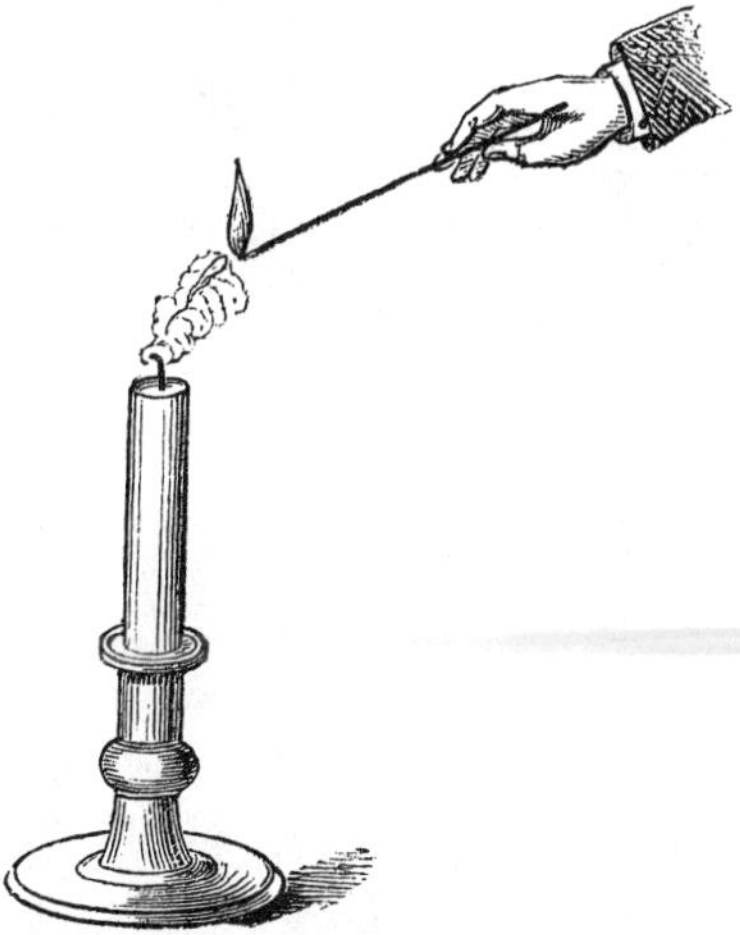

図2　消えた炎に火がつく

これを知らないと、ロウソクの科学をきちんと理解したことにはならないことが、もう一つあります。それは、燃料の気化という現象です。それは、それを一目瞭然《いちもくりょうぜん》でわかってもらうための実験は、簡単なものです。ロウソクをうまく吹き消してみましょう。すると、てっぺんから蒸気がのぼっているのが見えるはずです。そのとき、臭《くさ》いにおいがしますよね。それはともかく、うまく火を消せば、固体だった蠟が気化した蒸気が見えます。

まわりの空気を動かさないよう

注意しながら、息を吹きかけてロウソクを消してみましょう。そして、火をつけた小ロウソクをその蒸気に近づけると、火がつく様子が確認できます（図2）。これは手早く実行する必要があります。そうしないと、蒸気が冷えてしまい、液体や固体に戻ってしまったり、可燃性の気体の流れが乱れてしまうからです。

炎の形

今度は炎の形を見てみましょう。ロウソクの材料は、灯芯の先端でどういう状態になっているのでしょう。ロウソクの、なにものにも代えがたいあの美しい炎の輝きはどうやって生み出されているのか、とても気になりますよね。

金や銀のきらめき、ルビーやダイヤモンドなどの宝石が放つ輝きはたしかにみごとです。しかし、炎が発する輝きと美しさにかなうものはありません。炎のような光を放つダイヤモンドがあるでしょうか。闇の中でダイヤが光るのは、炎に照らされてのことです。ダイヤモンドが自ら光を放つことはありません。それに対してロウソクは、作ってくれた人のために自力で光を放つのです。

炎の形を観察するために、ガラスの火屋をかけることにします。そうすれば、安定

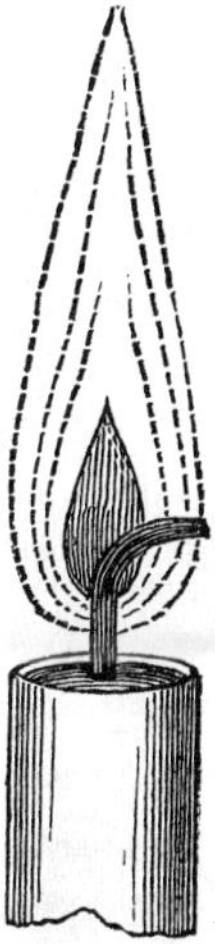

図3　ロウソクの火の構造

した均一な炎が観察できます。大気の乱れや、ロウソクの大きさによっても変わりますが、図3が一般的な形ですね。光り輝く長円を上に引っ張ったような形で、上にいくほど明るい。中心にある灯芯部分を別にすると、下にいくほど暗い部分があります。そういうところは、上方の明るい部分とはちがい、燃焼が不完全なのでしょう。

　図4は、ロバート・フック[注]さんという人が何年も前に自分の研究のために描いたものです。ランプの炎の図ですが、ロウソクの炎にも当てはまります。ロウソクの

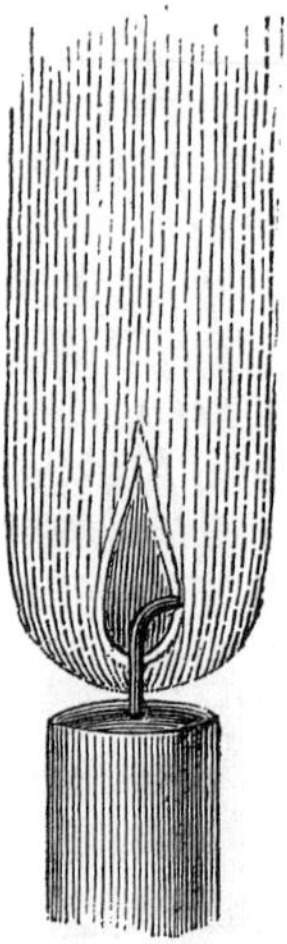

図4　ランプの炎の構造

てっぺんにできるくぼみはランプでは油壺、溶けた鯨油は石油、灯芯は共通です。その上に、フックさんは小さな炎を描き、さらに目には見えないものを描いています。そこから立ちのぼっているものです。それは、私の講義を聞いたことのない人や、この現象に詳しくない人には知りようのない存在。炎にとってなくてはならないもので、炎にはつきものである周囲の大気です。

炎の周囲には気流が生じていて、それが炎を引き上げています。フックさんが気流を高く立ち上げて描いているように、実際の炎も気流に引き上げられ、ずいぶんな高さに達しているのです。燃えているロウソクを日の光の中にかざして影を紙に映すと、それがよくわかります。他の物体に影をつくらせるほど明るい炎が、自身の影を紙に投じられるというのは驚きですよね。そのおかげで、炎のまわりから立ちのぼっている気流を確認できるのです。

その気流は炎の一部ではなく、炎を引き上げるように立ちのぼっています。ここでは太陽の代わりに、ボルタ電池で電球を灯します。さあ「太陽」をつけました、明るいですねえ。電球とスクリーンのあいだにロウソクを置けば、炎の影が見えます。ロウソクと灯芯の影が見えます。図に描かれていたように、暗い部分とくっきりとわかる部分があります。ここでおもしろいことに気づきます。スクリーンに映った炎のいちばん暗い部分は、実際には炎のいちばん明るい部分なのです。熱い気流が立ちのぼっている様子も見えますね。フックさんの図のとおりです。これが炎を引っ張り

注　原文の「フッカー」は誤り。ロバート・フック（一六三五〜一七〇三）はイギリスの偉大な科学者。物理学、化学、数学など幅広い分野ですぐれた業績を残した。

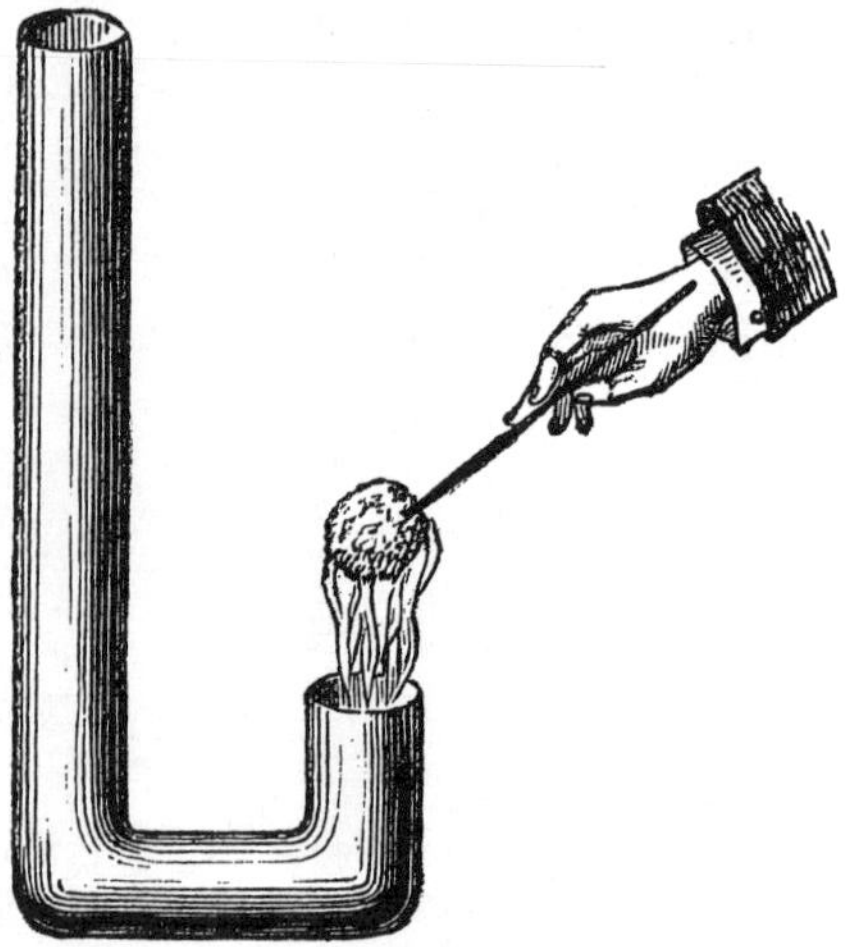

図5　下向きに吸引すると炎は下向きになる

上げると同時に炎に空気を供給し、溶けた蠟がたまっているくぼみの外側を冷やしているのです。

炎が気流によって立ち上がったり下がったりする様子を見てもらうための実験を用意しました。これはロウソクの炎ではありませんが、みんなには物事を一般化して比較する力があるはずです。これからやろうとしているのは、炎を引っ張り上げている上昇気流を下降気流に変えることです。それをする装置がこれです。炎はロウソクの炎ではなく、アルコールの炎です。さほどの煙は出ませんが、気流の方向を見やすくするために、あるものを加えて炎に色をつけてあります。アルコールに火をつけて炎を出しましょう。なにもしていない空中では、当然、炎は上向きですね。

ふつうの状態で炎が上を向く理由は、もうわかっていますよね。燃焼を生み出している空気の流れのせいです。ところが、この小さな煙突で炎を下向きに吸引し、気流の方向を変えてやると、ほら、炎が下向きになります（図5）。この連続講義が終わるまでに、炎と煙が上下逆方向になるランプを見せる機会もあるかもしれません。そうすれば、炎の向きを自在に変えられることがわかってもらえるはずです。

炎について、ほかにも話すべき点がいくつもあります。気流の方向を変えることで、炎の形も変わることを学びました。でも、固定されたように見える炎を作って写真に撮ることもできます。というか、炎のすべてを知りたければ、写真に撮って固定しなければなりません。

しかし、言いたいことはそれだけではありません。すごく大きな炎を作ると、もはや均一なものとはならず、形も一定ではなくなります。ものすごい生命力を得てあばれるのです。ここで使うのは別の種類の燃料ですが、ふつうのロウソクの蠟や獣脂に相当するものです。

大きな綿の塊が灯芯の代わりになります。これをアルコールに浸して火をつけます。ふつうのロウソクとのちがいがわかりますか。炎の勢いがちがいますね。ロウソクの明かりとは、美しさと活力の点でぜんぜんちがいます。細い舌のような炎がいくつも立ち上がっているのがわかりますか。下から上に立ちのぼるという炎の全体構成は同じですが、炎が複数に分かれている点が印象的です。これは、ロウソクでは見られなかった現象です。どうしてこうなるのでしょう。その理由を説明します。このあとも話についてこられるためには、この理由をしっかりと理解してもらう必要があるからです。

これからやる実験を、自分でもやったことのある人がいるのではないでしょうか。スナップドラゴン遊びのことです。誰かいますか。炎の科学、そのでき方の一部を見るうえで、スナップドラゴン遊び以上のものはないと思います。

正しいスナップドラゴン遊びでは、皿と干しブドウとブランデーをあらかじめ温めておいて、ブランデーを浸した干しブドウに火をつけ、それを素手で拾い上げますよね。でも、ここに用意した皿は温めてありません。この皿にアルコールを注げば、ロ

図6　炎の一般的な形状の図解

ウソクのくぼみと燃料がそろったことになります。さしずめ干しブドウが灯芯でしょうね。

皿に干しブドウを入れて、アルコールに火をつけましょう。ほら、舌のような美しい炎が見えましたね。皿の縁を越えて流れ込む空気によって、これら小さな炎ができるのです（図6）。なぜでしょう。気流の力と炎の動きの不規則さにより、空気が一定方向に流れないからです。つまり、空気が不規則に流れ込むせいで、本来ならば一様に立ち上がるはずの炎が分裂し、細い舌のような炎が別々の生きもののような独立した存在になっているのです。複数のロウソクが別々に燃えている状態と言ってもよいかもしれません。

ただし、複数の炎の舌が同時に見えているからといって、これが一つの炎の形だと思ってはいけません。みんなに見えている形は、綿の塊から立ちのぼっていたような一連の炎ではありません。これは形の異なる炎が合わさったもので、目まぐるしく変わる姿をいっせいにしか認識できないせいで、そう見えているだけなのです。図6は炎の一般的な形状の図解です。それらは、炎を構成する別々の部分です。それらが同時に生じることはありません。炎の形が次々と変わるせいで、同時に存在しているように見えるだけです。

残念なことに、今日はスナップドラゴン遊びで時間切れです。どんな事情があれ、決められた講義時間をオーバーするわけにはいきません。例の説明ばかりに時間をかけずに、もっと科学の説明に的を絞るべきだということを、私自身の今後の教訓にしますね。

第二回　ロウソク（つづき）

前回の講義では、ロウソクの溶けた蠟《ろう》に関する一般的な特徴と配置、それが燃焼場所にどうやって運ばれるかという説明に時間をつかいました。風のない中でロウソクが燃えているときは、炎の形が前回の図のようになることは、もうわかっていますね。その中ではとても興味深いことが起こっているわけですが、炎の形は一様です。

炎の明るさ

では、炎の中のどこで何が起こっているのか、どうしてそうなるのか、何がどうなるのか、そしてロウソクは最後はどうなるのでしょう。それを調べる方法について考えてみましょう。

みんなも知っているように、新しいロウソクに火をつけてきれいに燃やすと、最後

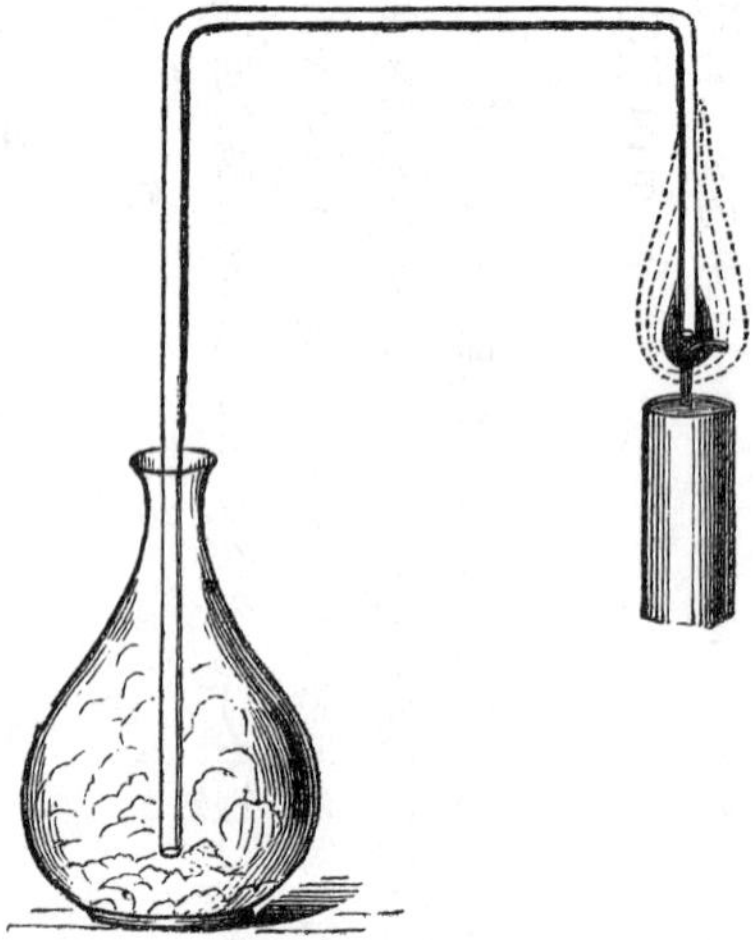

図7　炎の真ん中の蒸気を集める

はロウソク立てから跡形もなく消えてしまいます。これって、不思議だと思いませんか。そこで、こんな装置をくふうしてみました（図7）。細いガラス管の一方の端はロウソクの炎の真ん中に突っ込んであります。あのフックさんの図では暗く描かれていた炎の中心部です。まず、この暗い部分から調べていきます。

ガラス管の反対の端をフラスコの中に入れておくと、炎の中心部から出てきた何かがフラスコの中にたまり、空気中にあったときとは全然ちがう動きをすることがわかります。ガラス管の端から出てくるだけでなく、まるで重い物質みたいに、フラスコの底にたまり始めました。これはガス（気体）ではありません。蠟が蒸気に変わったものなのです。

ここではガスと蒸気を区別しておく必要があります。ガスはいつまでたってもガスのままですが、蒸気は温度が下がると元の状態に戻ってしまいます。

ロウソクの炎を吹き消すと、臭《くさ》いにおいがしますよね。それが、この蒸気が濃くなったときのにおいです。これは、炎の外側に存在する物質とはまるで別のものです。そのことをはっきりさせるために、この蒸気を大量に集めて火をつけることにします。一本のロウソクから集められる量は知れています。研究者としてその成分を詳しく調べるためには、大量の蒸気を作る必要があります。助手のアンダーソンさんがそのための準備をしてくれています。

さあ、フラスコの中には蠟が入っています。これを炎の中の灯芯の周囲と同じ状態にするために、フラスコをアルコールランプで熱することにします。

十分に熱くなったようです。フラスコの中の蠟が液体になっているのがわかりますか。そこから湯気みたいなものも出始めましたね。すぐに蒸気が出てくるはずです。

もっと熱してたくさん集まれば、フラスコの中身を鉢に注《そそ》ぎ入れて火をつけることもできます。

この蒸気はロウソクの炎の中心部に存在するのと同じものです。それを確かめるために、炎の中心からフラスコの中に取り出したものが、ほんとうに燃える蒸気かどうか試してみましょう。ガラス管を抜いたフラスコに、燃えているマッチを放り込みますよ。ほら、よく燃えていますね。炎の熱でロウソクの中から出てきた蒸気が燃えているのです。

燃焼によってどういう変化が起こって蠟がどうなるかを考えるときに、まっ先に注目すべき点がこれです。ここで、別のガラス管を用意し、一方の端を炎の真ん中に突っ込み、もう一方の端から蒸気が出るようにしてみます。うまくできたら、そこに火をつけます（図8）。

炎から遠く離れたガラス管の端に、ロウソクと同じ炎が作れましたね。見えてますか。うまくいったでしょ。家にガスを引くという言い方がありますが、これは、ロウソクを引いたことになりますね。蒸気の「生産」と蒸気の「燃焼」という二種類のことがここで起こっていることがわかります。そのどちらもが、ロウソクの特定の場所

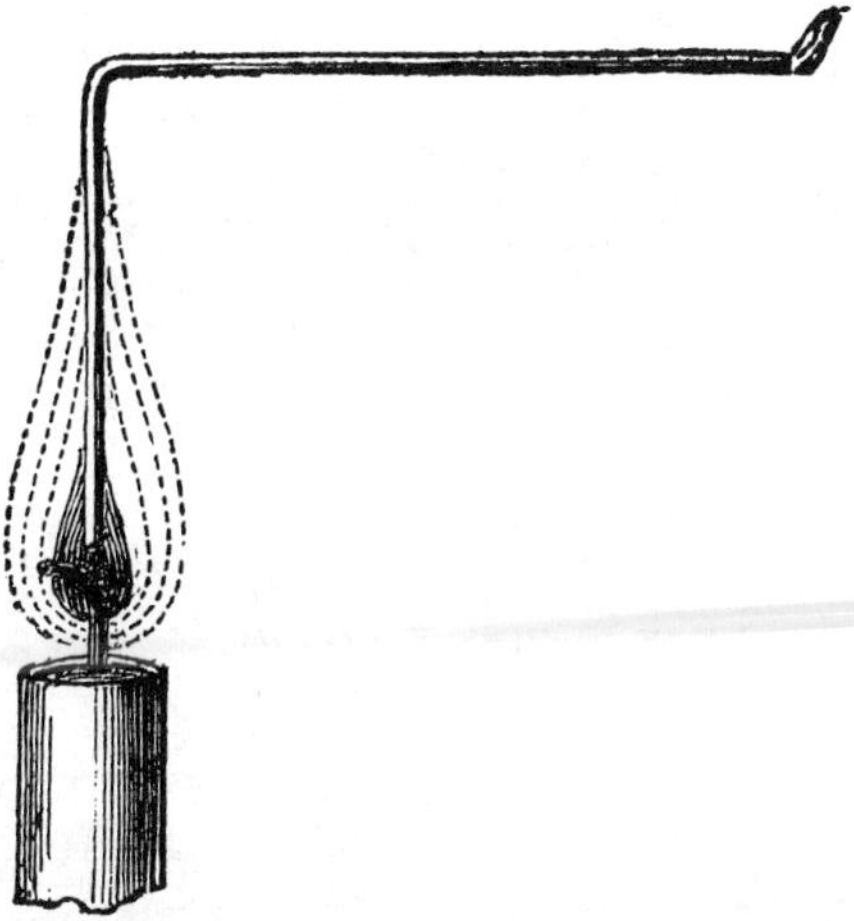

図8　炎の真ん中の蒸気に火をつける

で起こっているのです。

燃え終わった場所からは蒸気が出ていないことも証明してみましょう。炎の中心部に突っ込んだガラス管の端を持ち上げて、炎の上部にずらしてみます。たまっていた蒸気が抜けたあとからは、可燃性のものは出てきません。炎の上部では、可燃性の蒸気は燃え終わってしまっているのです。どうやって燃えたのでしょう。

燃焼のための空気

灯芯がある炎の中心には、可燃性の蒸気が存在しています。炎の外側にあるのは空気です。ロウソクの燃焼には空気が欠かせないことを、これから説明します。可燃性の蒸気と空気のあいだでは激しい化学反応が起こっていて、蠟の蒸気が破壊される一方で光が発せられるのです。

ロウソクのどこが熱いかを調べると、奇妙なことがわかります。燃えているロウソクの上に紙をかざしてみます。そうすればどこが熱いかわかるはずです。炎の中心部ではありません。紙にリング状の焦げ跡ができました。ちょうど、化学反応が起こっていると言った場所です。こんな大《おお》ざっぱな実験でも、炎が乱れていなければ、焦げ跡は常にリング状になります。家でも簡単にできる実験なので、試してみてください。

室内を風がない状態にしておいて、細長い紙を水平にして炎の真ん中に差し込んでかざします。ただし、こんなふうに、話しながらの実験は禁物ですよ。すると、二カ所が焦げるはずです。中心部はぜんぜん焦げないか、焦げても少しだけで、その両側が焦げています。一回か二回でうまくいくはずです。

これで、熱のありかがわかりました。そこが、空気と燃料が出合っている場所になります。どうです、がぜん、興味がわいたでしょ。

ここが、このテーマでいちばん肝心なところです。燃焼には空気が欠かせません。

それだけでなく、それは新鮮な空気でなければいけません。そうでないと、実験と証明は不完全なものになってしまいます。

これは空気の入った広口ビンです。これをロウソクにかぶせると、新鮮な空気が必要という意味がわかります。最初のうちはよく燃えていますが、燃え方がだんだん悪くなります。炎が細長くなって消えそうになり、最後は消えてしまいました。なぜ消えたのでしょう。ビンの中には、相変わらず空気が入っているわけですから、必要なのは、ただの空気ではないようです。新鮮な空気であることが重要なんですね。

ビンの中の空気は、一部変化していますが、満杯である点は同じです。足りないのは、ロウソクの燃焼に必要なだけの新鮮な空気なのです。科学者の卵として、ここが推理のはたらかせどころです。ここで起こっていることをもう少し詳しく観察すれば、とても興味深い証明に近づけます。

炎のあるなし

ここに取り出したのは、油壺《あぶらつぼ》とガラスの火屋《ほや》が直結しているアルガンランプ[6]という、この実験に最適なオイルランプです。炎の中心に空気を送る通路を閉じると、一本のロウソクみたいに燃えます。本来の灯芯は円筒状ですが、そこに綿を詰めます。燃料はそこにのぼってきます。そこから円錐形の炎が上がっています。今は空気を一部せき止めているので、燃え方が悪いですね。本来なら、灯芯の内側と外側から空気が入るのですが、内側を閉じたせいで、炎の外側からしか空気が入らなくなっているからです。

アルガンさんが発明したように、綿を取り外して、炎の内側からも空気が入るようにしてみましょう。ほら、ものすごくよく燃え始めました。空気を遮断すると、煤《すす》が出始めました。なぜでしょう。ここが重要なポイントです。ロウソクの場合もそうでした。空気が欠乏すると、ロウソクは消えました。この場合も、不完全燃焼が起きたのです。これは、ロウソクをいちばんよい状態で燃やすために、ぜひとも知っておいてほしいポイントです。明るさを最大限にするために、大きな炎を作ってみましょう。

芯を見てみましょう。大きな芯でしょ。大きな綿の塊にテレピン油を浸《し》み込ませて火をつけてみます。原理はロウソクと同じです。芯を大きくするなら、空気の供給量も増やす必要があります。さもないと、燃焼が不完全になります。

黒い煙が立ちのぼっていますね。どんどん出てきます。部屋がけむくなるといけないので、燃焼が不完全な部分を逃がす装置を用意しておきました。炎から煤が出ているのがわかるでしょ。これが、空気が足りないせいで起こる不完全燃焼です。そこでは何が生じているのでしょう。ロウソクの燃焼に欠かせないものがないせいで、困った事態が生じているのです。

新鮮な空気が供給される中でロウソクが燃えているときに何が起きているかは、先ほど見ました。ロウソクの炎に紙をかざすと、リング状の焦げ跡ができましたよね。じつはそのとき、紙の裏側も見てもらうべきでした。ロウソクの燃焼でも、これと同じ煤が生じていたのです。煤は炭素でできている炭です。

それをみんなに見せる前に、言っておいたほうがよいことがあります。この講座では、ロウソクを取り上げ、炎という燃焼形態を一般的な例として説明しています。しかし、燃焼とは常にこういうものなのか、それとも炎には別の状態もあるのかを見ておく必要もあります。結論を先に言うと、別の形態もあるし、それがとても重要なこ

6　スイスの科学者アミ・アルガンが一八世紀に発明した画期的な筒芯ランプ。筒型の芯とガラス製の火屋を組み合わせることでそれまでにない明るさを実現した。

となのです。そのことをみんなにわかってもらういちばんよい方法は、極端な例を見てもらうことかもしれません。

ここに少量の黒色火薬[7]があります。火薬が燃えると炎が出ますよね。あれも炎なんです。火薬には、いろいろなものに混じって炭素が含まれています。それらが反応して炎が出るのです。こちらにあるのは鉄粉です。この二つをいっしょにして燃やしてみます。その前に、この小さな乳鉢で混ぜます。実験を始める前にことわっておきますが、家でこの実験をやる場合には、くれぐれも怪我には注意してください。注意さえすれば、安全に実験ができます。しかしぞんざいに扱うと、思わぬけがの元です。

木製の小さな器に少量の火薬を入れました。鉄粉も混ざっています。この実験の目的は、火薬で鉄粉に火をつけ、空気中で燃やすとどうなるかを見ることです。これで、炎を伴う燃焼と炎を伴わない燃焼のちがいが見られるはずです。さあ火をつけますよ。燃えたら燃焼のしかたをよく見て、ちがいを確認してくださいね。何が起きるかというと、火薬は炎を上げて燃えます。鉄の削りくずは巻き上げられます。鉄の削りくずも燃えるのですが、炎は出ません。火薬と鉄粉は別々に燃えるのです。さあ、火薬に火をつけました。火薬が炎を上げて燃えています。

鉄粉のほうは、燃焼のしかたがちがいますね。この大きなちがいがわかりましたか。同じ燃焼でも、明かりを灯すために必要な有用性と美しさを兼ね備えているのは炎だけなのです。照明用の燃料はオイルやガス、ロウソクですよね。それは、それらが炎を出して燃えるからなのです。

これが炎の微妙なところです。燃焼のしかたがどちらに属するかを見極めるには、鋭い観察眼、正確な識別力が必要です。たとえばここに、とても燃えやすい粉末がありります。これは、ヒカゲノカズラという植物の胞子で、花火に入っていたりする石松子《せきしょうし》と呼ばれるものです。この細かい粒子の一つひとつが蒸気になり、炎を上げて燃えます。

しかし粉末全体に火をつけると、一つの炎を上げているように見えると思います。これから火をつけるので、どうなるか確かめられます。

大きな炎が上がりましたね。一つに見えます。しかし、ピチピチピチという音がしていますね。これが、一定の連続的な燃焼が起こっているわけではないという証拠な

7　木炭、硫黄、硝酸カリウム（硝石）を混ぜた火薬。

のです。

こんなこともできます。試験管に入っている石松子をアルコールランプの炎に吹きかけてみます。二度やってみるので、目を見開いて耳を澄ましておいてくださいね。どうです、聞こえましたか。この音はパントマイム劇で稲妻の効果音として使われています。たしかに、そう聞こえなくもないですね。

煤の元

これは、鉄粉の燃焼とはちがう例でした。話を戻しましょう。

ロウソクを掲げて、炎の中でいちばん明るい場所がどこか見てみましょう。じつはそこからは、黒い粒子が取れます。炎から放出されるのを見てきたあれです。今度はそれを、別の方法で放出させてみます。ロウソクから蠟が垂れてしまいました。気流に乱れが生じたせいですね。まずはこれをきれいにして、前にも使った細いガラス管を、再び炎の明るい部分にかぶせます。ただし今度は前よりも少し高い位置に。

前回はガラス管の端から白い蒸気が出てきましたが、今回は黒い蒸気ですね。炭のような黒さです。白い蒸気とは別物ですね。これに火をつけようとしてもつきません。

火が消えてしまいました。この粒子こそが、前にも話した、ロウソクの煙なのです。その昔、作家のスウィフトが召使に推奨した悪ふざけを思い出します。かざしたロウソクで、部屋の天井に名前を書くというものです。[8]

それで、その黒い粒子は何なのでしょう。それは、ロウソクの中に入っている炭素なのです。ロウソクの中からどうやって出てくるのか。中に入っていることはまちがいありません。そうでなければ出てこないはずですから。それらは、煤煙や黒煙というかたちでロンドン中を飛び回っている物質で、炎の美と活力の元なのだと言ったら、信じてもらえますか。それらは、先ほどの鉄粉のように、炎の中で燃えているのです。

ここに取り出したのは目の細かい金網です。これは炎を通しません。これを、炎の明るい部分にかぶせるとどうなるか。すると、ただちに炎は消えてなくなり、煙がもうもうと出てきました。

ここからが重要です。火薬の炎の中での鉄粉の燃焼のように、蒸気の状態を経ない

8　『ガリバー旅行記』で有名なジョナサン・スウィフト（一六六七～一七四五）のこと。死後に刊行された『召使心得（奴婢訓）』にそのような言及がある。

液体のままか固体のままでの燃焼では必ず、ものすごく明るい光を発します。ロウソク以外の例をいくつか紹介してきたのは、このことを知ってほしかったからです。これは、すべての物質に当てはまります。どんな物質でも、燃えるものでも燃えないものでも、固体のままの状態で熱せられると、とても明るく輝くのです。ロウソクの炎の輝きをもたらしているのも、この固体の粒子の存在なのです。

炎の輝き

ここに白金線があります。これは熱を加えても性質が変わりません。炎の中で熱すると、明るく輝きます。炎を弱めてみましょう。そうすれば、炎の明かりも弱くなり、少なくなった炎の熱でも白金線がどんなに輝くかがよくわかるはずです。この炎の中には炭素が含まれています。次は炭素を含まない炎を使ってみます。

このガラスビンの中には、蒸気と言ってもいいし、ガスと言ってもよい状態の、ある種の燃料が入っています。固体の粒子は含んでいない燃料です。これを使えば、固体物質を含まない燃焼がどういうものかがわかります。その炎の中に固体を入れれば、それがどれほど熱いか、固体をどれほど輝かせるかを確認できます。

この燃料は水素という気体です。水素の詳しい性質については、次の講義で説明します。こちらの気体は酸素です。二つの気体をガス管で導いて水素に酸素を混ぜると、水素を燃やすことができます。その際、ロウソクの燃焼よりもはるかに大きな熱が発生します。ただし、それだけでは光はあまり出ません。そこに固体を入れてやると、明るい光が発生します。たとえば石灰の小さな塊はどうでしょう。石灰は、それだけでは燃えません。熱を加えても蒸気にはなりません。なので、熱を加えても固体のままです。それがどれほど輝くか見てみましょう。

水素に酸素が混ざって激しく燃えています。でも、それほど明るくはありませんね。それは、熱が足りないからではなく、火の中でも固体の状態を保つ粒子がないからです。そこにこの、石灰の塊を入れてみましょう。どうです、明るく輝きましたね。これがあの、電灯にも負けない、太陽光にも近い石灰光（ライムライト）[9]の光です。

今度は木炭です。これが燃えても光が出ます。ちょうど、ロウソクの中の炭素が燃

9　酸素と水素を別々の管から同時に噴出させて点火した高温の炎を石灰（ライム）に吹きつけ、発した光をレンズで集めて舞台照明に用いた。

えるのと同じですね。ロウソクの炎の熱によって蠟の蒸気が分解され、炭素粒子が分離します。その木炭が熱せられて輝きながら、空中に舞い上がっていくのです。燃えた粒子は、炭素のかたちでロウソクから噴き出るわけではありません。目に見えない物質となって空中に出ていくのです。それについては、後ほど。

炭素粒子が分離して空に舞い上がるとか、木炭みたいなものでも光り輝くなんて、ちょっとすてきですよね。これで、輝く炎には必ずそうした固体の粒子が含まれているということがわかりました。ロウソクのように燃えている最中か、火薬と鉄粉のように燃えた直後かにかかわらず、燃えて固体粒子を生じるものはみな、このような輝くように美しい光を放つのです。

実例を少し紹介しましょう。これはリン（燐）です。リンは青白い炎を上げながら燃えます。ということは、リンも、燃えている最中か燃えたあとに固体の粒子を生じるはずだと考えられます。では、リンに火をつけます。そして、生じたものを逃さないために、鐘《しょう》というガラスの覆いをかぶせておきます。煙が出てきましたね、何でしょう。この煙に、リンの燃焼によって生じた粒子が入っているのです（図9）。

今度は塩素酸カリウムと硫化アンチモンです。この二つを少量ずつ混ぜると、いろ

図9　リンを燃やすと煙が出る

いろな燃え方をします。化学反応を使うやり方もあります。硫酸を一滴垂らすのです。するとほら、すぐに燃えだしました。みんなもこの燃え方を見れば、この燃焼で固体の粒子が生じているかどうか、自分で判断できるはずです。判断を下すための考え方の道筋を、もう知っているわけですから。固体の粒子ができていないとしたら、炎がこんなに輝いているはずがありませんよね。

　助手のアンダーソンさんが、坩《る》堝《つぼ》を炉で熱してくれました。その中に、亜鉛粉を入れると、火薬と同じような炎を上げて燃えます。この実験を紹介するのは、みんなも、自宅でできるからです。ここでは、亜鉛粉が燃えるとどうなるかを見届けてください。ほら、燃えましたね。まるでロウソクの炎みたいにきれいです。それにしても煙がすごいですね。モヤモヤした綿毛《わたげ》（ウール）のようなものが出ています。みんなのところにも飛んでいきそうですね。これは、昔の錬金術師が「賢者の綿毛」とか「亜鉛華」と呼んだ物質です。坩堝の中にはまだたくさん残っています。

同じ亜鉛のかけらを使って、自宅でもやりやすい実験をしてみます。それでも結果は同じはずです。このかけらを水素バーナーの火にかざして金属を燃やしてみますよ。燃えましたね。白い物質も出てきました。水素バーナーの火はロウソクの炎に見立てることができます。亜鉛を炎の中で燃やしたわけですが、これで、その物質が光り輝くのは炎の中で熱せられて燃焼しているあいだだけということをわかってもらえましたか。次に亜鉛の燃焼で出てきた白い物質を水素バーナーの火に入れてみます。きれいに輝いていますね。それはこれが固体だからです。

今回も水素バーナーの火を使い、炭素粒子の分離実験をします。今度の燃やす材料は、テレピン油を精製したカンフィンというランプの燃料です。これも燃えると煙が出ます。この煙をガラス管を通じて水素バーナーの火に通してみます。輝きながら燃えています。最初は熱せられたことで分離した炭素が、再び熱せられたせいですね。

煙の後ろに紙を置いてみましょう。炭素の粒子が見えました。これが炎の中で熱せられることで発火し、光り輝くというわけです。炭素粒子が分離していない状態では、輝きません。石炭ガスの炎が輝いているのも、燃焼によって炭素粒子が分離するせいです。ロウソクの場合と同じですね。

この状態を変えることも可能です。今は石炭ガスの炎が明るく輝いていますね。この炎にたくさんの空気を吹き込むと、炭素粒子が分離する前にすべて燃やし切ってしまうことができます。そうなると、炎の輝きが薄れます。早速やってみましょう。

ガスの噴き出し口に、こんなふうに金網をかぶせておいて、火をつけるのです。ほら、炎の輝きがなくなりましたね。ガスが燃える前に、ガスにたっぷりの空気が混ざったからです。金網の位置を上げると、金網の下では火が燃えていないことがわかります。

石炭ガスは、たくさんの炭素を含んでいます。しかし燃える前に空気に接触して混ざると、炎の色は薄青色になります。ためしに、ガス灯に息を吹きかけてみますよ。

はい、そのとおりになったでしょ。炎を吹くと薄青い炎に変わった理由は、炎の中で炭素粒子が分離する前に、たくさんの空気に接触したことで燃えてしまうからです。固体粒子が分離する前にガスが燃えるかどうかで、燃え方がちがってくるというわけです。

水の生成

ロウソクが燃えたあとには何かが生じることがわかりました。煤も、その一つです。その後で煤が燃えると、また別のものが生じます。それは何でしょう。気になります。何かが空中に出ていったことは見たとおりです。そこで、どれだけのものが空中に出ていったのかを見てみましょう。そのためには、もう少し大がかりな燃焼が必要です。

燃えるロウソクからは、温められた空気が上昇しています。これからその上昇気流を見てもらいます。まずは、どれくらいのものが上昇しているかをわかってもらうために、燃焼によって生じた産物を閉じ込める実験をやってみます。そのために、熱風船を用意しました。燃焼の産物を実感するための測定装置代わりです。

燃焼装置のほうは、必要最小限のものにします。この皿が、ロウソクのてっぺんにできる「くぼみ」代わりです。その皿にアルコールを注《そそ》いで、煙突をかぶせましょう。燃焼の産物があちこちに逃げないようにするためです。

アンダーソンさんが火をつけてくれました。煙突のてっぺんから、燃焼の産物が出てきます。それは、ロウソクの燃焼で出るものと、基本的に同じものです。ただし、ここでは炭素をあまり含んでいない燃料を燃やしているので、炎の輝きはありません。

さあ、風船を煙突の先にかぶせますよ。ただし、すぐに手を離すことはしません。ロウソクから立ちのぼる産物の作用を見るために、この炉の産物を捕まえることが目的ですからね。ほら、風船が膨らんできました（図10）。風船が飛び立ちたがっています。でもこのままでは、天井のガス灯に接触してまずいことになりそうです。ガス灯を消してもらえますか。はい、それでは手を離します。熱風船が上がっていきました。どれだけたくさんの産物が放出されたか、わかりましたか。

はい、風船からこちらに注目してください。ロウソクの上に太いガラス管を置いてみます。ロウソクの燃焼でできた生成物が、このガラス管を通ってのぼっていきます。ガラス管が曇ってきましたね。別のロウソクに火をつけてガラス鐘をかぶせてみましょう。向こうから光を当てると、ガラス鐘がだんだん曇っていく様子が確認できま

図10　燃焼の産物で風船を膨らませる

す。炎もだんだん弱くなりました。炎を弱くしているのも、ガラス鐘を曇らせているのも、燃焼でできた同じ生成物のはたらきです。

家に帰ったら、ロウソクの炎の上に、冷やしたスプーンをかかげてみてください。煤がつかないように注意すれば、ガラス鐘と同じように、スプーンも曇ることが確認できるはずです。スプーンの代わりに、銀の皿のようなものがあれば、もっとはっきりわかりますよ。

第二回の講義はこれで終了です。ただ、このまま終わったのでは、どうしてこうなるのかモヤモヤしてしまうと思うので、炎を弱めたものの正体を教えておきましょう。それは「水」なんです。次の回では、実際に液体のかたちでその水を捕まえてみせます。お楽しみに。

第三回　燃焼の産物

前回の終わりのほうで、ロウソクの「生成物」という言葉を使いました。覚えていますか。燃えているロウソクからは、装置をくふうすることで、いろいろな生成物を捕まえることができました。ただし一つだけ、ふつうに燃えているロウソクから捕まえられないものがありました。煙の中の炭です。煙としてではなく、炎から立ちのぼっていく物質もありました。それは煙とは別の状態で、上昇気流の一部として、目に見えないまま、ロウソクから立ちのぼって逃げていました。

燃焼による水

それ以外の生成物もありました。ロウソクによって生じた上昇気流の中には、冷えたスプーンや銀の皿をかざすと凝集する成分と、凝集しない成分があることも学びました。

まずは、凝集する成分について調べてみましょう。それはただの水、水以外の何物でもありません。燃えると水が出るというのは不思議ですね。前回の最後で、私はつい、ロウソクから生じる凝集する生成物の中で水ができるという話をしました。ここではもっと詳しく、特にロウソクの燃焼との関連を中心に水に注目しましょう。それと、水が地球にあたりまえのように存在することについても考えます。

まずは、その水をみんなに見てもらうことですね。ロウソクの燃焼で生じた産物から水を凝集させるための実験装置を、あらかじめ用意しておきました。これだけ大勢の人に水が存在することを一度に見てもらうにはどうすればよいか、考えました。それにはとにかく、水がもっている目に見える作用を実際に見てもらったうえで、ガラスビンの底に集めた雫《しずく》にそのテストを適用するに限ると思いました。

これは、この研究所の私の前の教授ハンフリー・デイヴィ先生[10]が発見したカリウムという物質です。水と混ざると激しく反応するので、水の存在を確かめるテストに使用することにしました。水の入った鉢に、カリウムのかけらを入れてみます。すみれ色の炎を上げながら水面上を激しく動き回っていますね。これが、水が存在している

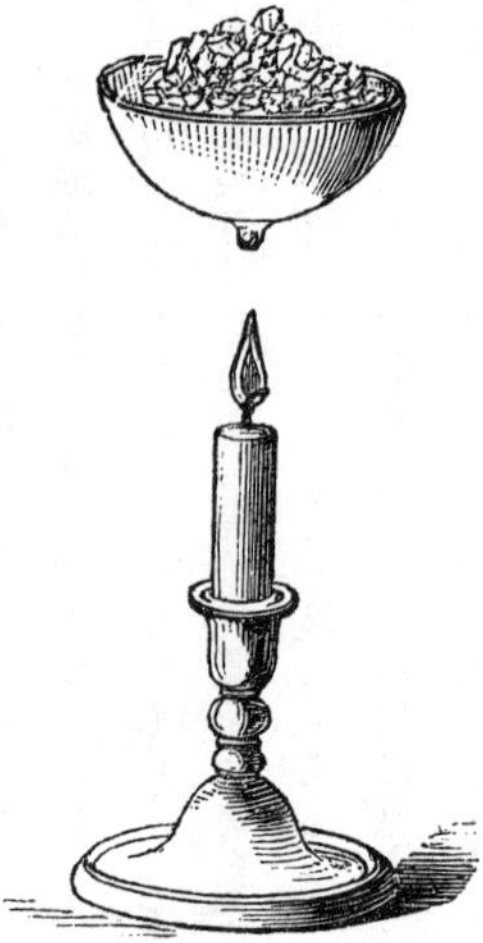

図11　ロウソクが燃えると水が出る

という証拠です。

こちらでは、氷と塩を入れたガラスビンの下でロウソクが燃えています。ロウソクをどかしますよ。ガラスビンの底からは、ロウソクの燃焼によって生じた凝集成分である水の雫《しずく》が垂れていますね（図11）。この雫とカリウムを接触させたとき、鉢に入れた水にカリウムを放り込んだ先ほどの実験と同じ反応をするかどうかを見ようというわけです。炎を出して燃えれば、それが水である証拠になります。スライドグラスに雫をのせ、そこにカリウムを置いてみますよ。

炎が出ました。やはり水が存在するんですね。

さあこれで、ロウソクの燃焼で水が生成されることを証明できました。同じく、ガラスビンの下でアルコールランプを灯しても、ビンの底に水滴が凝集します。これも燃焼の結果として生じた水です。ビンの底から垂れた雫で、下に置いた紙が濡れてきました。アルコールの燃焼で大量の水ができたことがわかります。これはそのままにしておきましょう。そうすれば、どれほどたくさんの水が出たかがわかるでしょうから。

水の性質

ガスランプに火をつけ、その上に冷却装置を置きます。こうやっても、ガスの燃焼で生じた水を集められます。このビンの中に入っているのは純粋な蒸留水です。ガス

10　ハンフリー・デイヴィ（一七七八～一八二九）。電気分解を駆使してナトリウムやカリウムなどを発見したほか、炭坑用の安全なデイビーランプも発明した。一八〇一年にロイヤル・インスティチューションの所長に任じられた。一般向けの公開講座で人気を博し、ファラデーを助手として採用した。

ランプの燃焼によって生成されたもので、川や海、泉の水を蒸留したものとまったく同じです。水は水であり、水にちがいはありません。水に何かを混ぜることはできます。しばらくしてから、混ぜたものを再び分離することもできます。水は、固体になっていようと液体になっていようと、たとえ流れていようと、水に変わりはないのです。

こちらのビンに入っているのも、アルコールランプの燃焼で生成された水です。ある量のアルコールをきれいに燃やすと、それ以上の量の水が生じます。こちらにあるのも、蜜蠟《みつろう》ロウソクを長時間燃やして作った水です。こんなふうに、どんなものを燃やしても、ロウソクのように炎を上げて燃えるものならほぼ必ず、水が生じることを確かめられます。

みんなも自分で実験してみてください。火かき棒なんかもいいですね。ロウソクの火にかざしていても冷えたままの状態を保てるなら、雫のかたちで水を集められるはずです。スプーンでもひしゃくでも、熱を逃がせるものならなんでも、あらかじめきれいにしておいて使えば、水を凝集させることができます。

可燃性の物質が燃えると水ができるというのは、不思議な話ですね。この話を進める前に、この水の存在のしかたにはいろいろな状態もあるという話をしておく必要があります。どういう状態があるかについては、みんなもすでによく知っていますよね。とはいえ、ここで少し考えてみるべきことがあります。そうすれば、ロウソクの燃焼で生じる水であろうと、川や海の水であろうと、変幻自在に姿を変えながらも水はどのようにして水であり続けるのかがわかると思います。

まず、低温では水は氷になります。ここでは、私もみんなも同じ科学者として、固体であろうと、液体であろうと、気体であろうと、水のことは水と呼びます。化学的には水だからです。水は、二つの物質の化合物です。一つはロウソクの燃焼で生成されるもので、もう一つはほかで見つかるものです。

水はよく氷になります。みんなも最近、大雪が降ってそのことを体験する絶好の機会がありましたよね。氷は水に戻ります。先週の日曜日、そのせいで大変な目にあいました。気温が上がったため、氷が水に戻って、私の家も、友人の家もちょっとした水害に見舞われました。

熱せられた水は蒸気になります。今、目の前にある水は、密度が最大の状態にありますす。水は、重さ、状態、形態、そのほかいろいろな面で性質を変えますが、水は水のままです。冷やされて氷になっても、熱せられて水蒸気になっても、水は体積を増します。氷になるときは嵩《かさ》が増して驚くほどの力を発揮しますし、蒸気になるときはブワーと増えます。

たとえば、ここに取り出したブリキの缶に水を少し入れます。見ていて、だいたいどれくらい入れたかわかりますよね。水の深さがおよそ五センチになりました。後でこの水を水蒸気に変えます。そうすれば、水と水蒸気とでは、体積がどれくらい変わるかがわかるはずです。

次に水が氷になる場合を見てみましょう。シャーベット状の氷に塩を入れたもので水を冷やせば氷ができます。さっそくやって、水が氷に変化するときの体積の増加を見ます。この鋳鉄《ちゅうてつ》製のじょうぶなビンを使います。鉄の厚さは、一センチほどでしょうか。これを水で満杯にして、空気が入らないように注意しながら栓をしっかりと閉めておきます。このビンの中の水を凍らせるとどうなるか。凍った氷を閉じ込めておくことはできないはずです。氷になるときに体積が膨張するせいで、さすがの鉄のビンも破裂してしまいます。ここに用意したのは、まったく同じ鉄のビンの破片です。それでは、水を詰めた鉄のビン二本を、塩入りシャーベットの中に浸けますよ。

中身が氷になるまでのあいだに、あらかじめ火にかけておいた水の変化を見てみましょう。液体の状態を失いつつあるみたいですよ。確認のしかたはいくつかあります。水が沸騰《ふっとう》しているフラスコの口に、時計皿を置いてみます。どうなりました？　弁がカタカタいうように、時計皿がおどり出しました。沸騰した水から立ちのぼる水蒸気が時計皿を押し上げ、隙間から水蒸気が逃げ出したとたんに時計皿がカタンと下がるというのを繰り返すからですね。

フラスコの中は水よりも体積の大きな水蒸気でいっぱいであることもわかります。常にフラスコの中をいっぱいに満たしながら、どんどん外に噴き出しているのですから。それなのに、フラスコの底の水の量は、さほど減っていません。このことから、水が水蒸気に変わるとき、体積がものすごく増えていることがわかります。

先ほど、シャーベットの中に、水を入れた鉄ビンを突っ込んでおきました。さて、どうなっているでしょう。鉄ビンの中の水と、シャーベットとのあいだには、いかなるやり取りもなさそうに見えます。しかし実際には、鉄ビンの中の水からシャーベットへと、熱の移動が起こっています。まだ時間が足りないかもしれませんが、うまくいけば、ほどなく、ビンとその中身が十分冷やされた段階で、ビンがポンと破裂する音が聞こえるはずです。破裂したビンを調べれば、中身が氷に変わっていることがわかります。氷の体積が水よりも大きくなって、もはやビンに収まりきらなくなってしまうのです。

氷が水に浮くことは知っていますよね。みんながもし、氷の穴から水に落ちたら、なんとかして氷の上に這い上がろうとするはずです。氷は浮いていますからね。なぜでしょう。さあ考えましょう。それが科学の始まりですから。

答えを言うと、水が氷になるとき、体積が増すからです。なので、同じ体積の氷と水を比べれば、水のほうが重いということになります。

水に対する熱の作用に話を戻しましょう。ブリキの缶の口からものすごい量の蒸気が噴き出ていますね。これだけ噴き出ているからには、缶の中は蒸気で満杯ということなのでしょう。熱によって水を蒸気に変えられたということは、水蒸気を冷やせば水に戻せるということです。グラスか何か冷えているものを水蒸気の上にかざすと、ほら、グラスの側面が水分で濡れてきました。グラスが温まるまで、水蒸気の凝結は続くはずです。凝結した水がグラスの側面を垂れていますよ。

次は、水蒸気から液体へという水の凝結を示す別の実験をします。ロウソクが燃焼

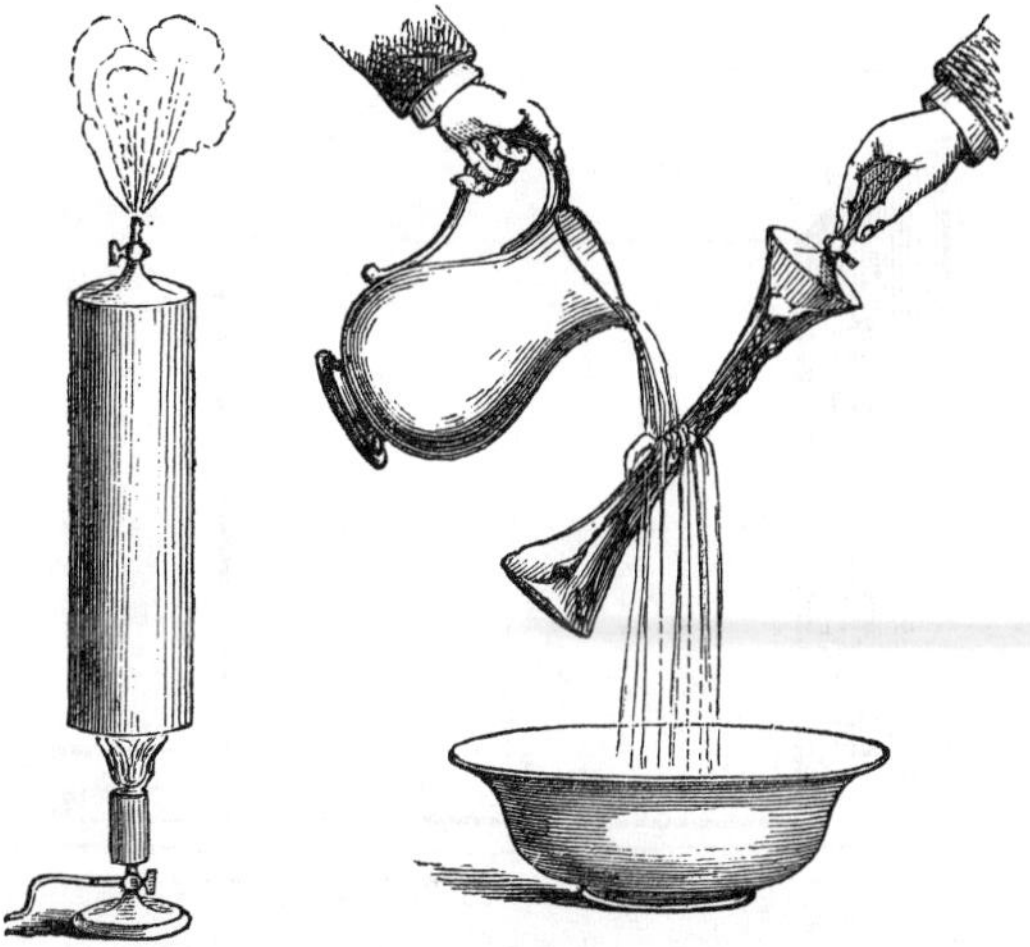

図12　水蒸気を冷やすと缶がへこむ

してできたものが皿の底で凝結して水の状態に戻った実験と同じやり方ですが、こちらの実験のほうが、変化は劇的です。

水を入れたブリキの缶を火にかけて、中が水蒸気でいっぱいになったところで口に栓をします。このブリキの缶の側面に冷たい水をかけ、中身の水蒸気を水に戻すと、何が起こるでしょうか。いいですか、水をかけますよ。おお、見ましたか。ブリキの缶があっという間にへこみましたね（図12）。

栓をしたまま火にかけ続けていたとしたら、ブリキの缶は破裂し

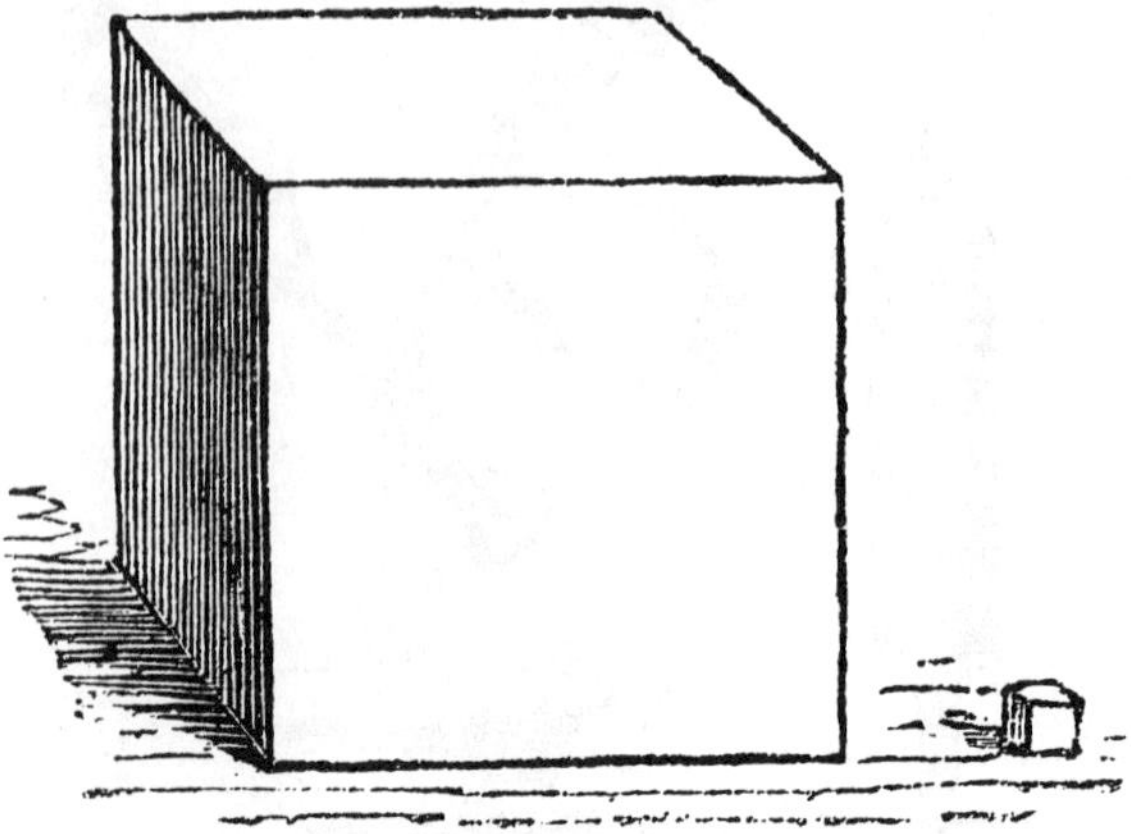

図13　1立方センチの水が水蒸気になると1700倍になる

ていたはずです。ところが、水蒸気が水に戻ると、ブリキの缶はへこみました。水蒸気が凝結したことで、ブリキの缶の内部に真空が生じたせいです。

この実験でわかったことは何でしょう。いろいろなことが起こりましたが、水が何かほかの物質に変わったわけではありません。液体、気体、固体と状態は変わりましたが、水は水のままです。なので、ブリキの缶は、圧力に負けてへこむしかありませんが、熱を加え続ければ、また膨らむはずです。

水が水蒸気になったときの体積

はどのくらいだと思いますか。ここにあるのは一七〇〇立方センチの立方体です。その横にあるのは一立方センチの立方体です[11]（図13）。じつは、一立方センチの水は、約一七〇〇立方センチの水蒸気になるのです。割合にすると、一七〇〇倍です。それとは逆に、一七〇〇立方センチの水蒸気を冷やせば、一立方センチの水になるというわけです。

おっと、大きな音がしましたね。鉄のビンの一つが破裂したようです。幅三ミリほど[12]の割れ目が見えます。あっ、もう一つのほうも破裂しました。氷が飛び散っています。こちらの鉄のビンの厚さは一センチ以上[13]だったのに、氷の力で引き裂かれました。

水はいつも、このように変化しているのです。必ずしも人の手を借りる必要はありません。ここではただ、長く厳しい冬の代わりに、ビンのまわりに小さな冬をつくりたかっただけです。でも、北国に行けば、冬の外気温で、氷のシャーベットと同じことが起こっているはずです。

11　原文は一立方フィート（約〇・〇二八立方メートル）と一立方インチ（約一六・四立方センチ）。
12　原文は八分の一インチ（約三ミリ）。
13　原文は半インチ（約一・三センチ）。

水はどこから

さて、実験から離れて、少し考えてみましょう。これでもうこの先、水の変化にはごまかされないはずです。どこにあっても、水は水です。海水からつくられた水も、ロウソクの燃焼で生じた水も。では、ロウソクから生じた水は、どこにあったのでしょう。

種明かしをしますね。もちろん、その一部はロウソクにあったものです。えっ、ロウソクの中に水が？　まさかね。ロウソクの中に水は入っていません。ロウソクの燃焼に必要なまわりの空気の中でもありません。そのどちらでもなく、ロウソクの一部と空気の一部との共同作業でできたものなのです。

そこでこのことを突き止める必要があります。そうしないと、テーブルの上でロウソクを燃やすとき、そこで起きているロウソクの科学を完全に理解したことにはなりませんから。ではどうすればよいのか。私は答えの見つけ方をたくさん知っています。しかしここはぜひ、みんなに考えてほしい。ここまで勉強したことを結び合わせて、答えを見つけてみてください。

たとえばこんなふうに考えていけばよいでしょう。

先ほど、ハンフリー・デイヴィ先生がやったように、ある物質を水と反応させる実験をしました。思い出してもらうために、ここでもう一度、皿の上での実験をしてみましょう。これは特別に取り扱い注意の物質です。この塊に少しでも水がかかれば、その部分に火がついてしまうからです。さらに空気が十分にあれば、全体がたちまち燃え上がってしまいます。これはピカピカと輝く金属カリウムです。空気中でも水中でも激しく変化します。小さなかけらを水に浮かべてみましょう。美しい炎を上げていますね。まるで水面に浮くランプのように。水を空気の代わりにして燃えているのです。

鉄粉を水に入れても、やはりその変化を観察できます。カリウムほど激しい変化ではありませんが、ある意味で同じ変化です。錆びるのです。激しい反応ではありませんが、これも水に対する反応です。鉄と水の反応も、金属カリウムと水の反応と本質的には同じなのです。見かけが異なるこの二つの事実を、あわせて考えるようにしてほしいのです。

ここに取り出したのは、亜鉛という別の金属です。前回、それを燃やしてできた固体の物質を調べることで、燃焼について説明しましたよね。もし、亜鉛の小さなかけらをロウソクの炎に入れれば、金属カリウムを水に入れた場合と、鉄粉を入れた場合の中間くらいの反応を観察できます。それもある種の燃焼なのです。亜鉛が燃えて白い灰が残りました。亜鉛も、水とある程度の反応を示すことがわかっています。

いろいろな物質の反応を変えて、知りたいことを語らせるにはどうしたらよいか、少しずつ学んできました。その応用として、最初に鉄を取り上げます。こういう結果が得られる化学反応では必ず、熱の作用で反応が促進されるというのがふつうです。それと、物質の相互作用を詳しくていねいに調べたい場合には、熱の作用に注目する必要が生じがちです。

鉄と亜鉛の作用

みんなも知っているように、鉄粉は空気中できれいに燃えます。でも、これからそのような実験をするのは、水中での鉄の反応について知ってほしいことの印象を強めるためです。そこで、炎をつくり、そこに穴を開けます。理由はわかりますね。炎に空気を送り込むためです。

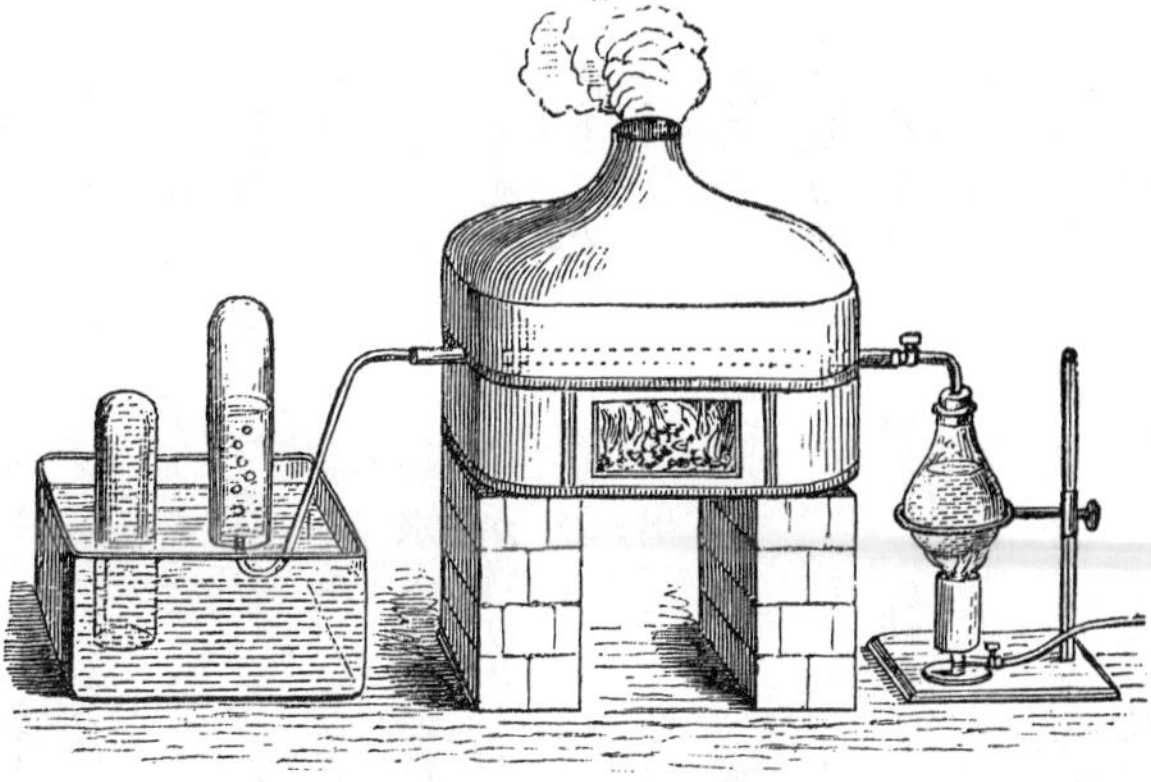

図14　鉄パイプを通した炉の実験装置

さあ、空気を送り込みます。そしてその炎に鉄粉を少しだけ放り込みます。よく燃えていますね。この燃焼は、鉄粉が発火したことによる化学反応です。では、これら異なる結果を考えあわせ、鉄が水と出合ったときに何が起きているかを突き止めることにしましょう。そこから見えてくる物語はとても美しく、順序立っていて規則的なので、必ずや満足させられるはずです。

ここに、銃身のような鉄パイプを通した炉を設置してあります（図14）。その鉄パイプにピカピカの鉄粉を詰め込んで火にかざし、赤く熱してみます。その鉄パイプには、空気を送り込んで鉄粉と接触させることもできますし、鉄パイプの端につながっているボイラーから水蒸気を送り込むこともできます。

ボイラーとのつなぎ口には栓があるので、必要に応じて水蒸気を遮断できます。鉄パイプのもう一方の端は、水の入ったガラスビンにつながっています。何が起こっているかわかりやすいように、水には青い色がつけてあります。みんなもうよく知っていることですが、ここで私が送り込んだ水蒸気が水をくぐったなら凝結するはずです。冷却された水蒸気は気体のままではいられないからですよね。

へこんだブリキの缶を思い出してください。中の水蒸気が冷えて体積が圧縮されたせいで、あんなふうに缶がへこんでひしゃげてしまったわけです。炉の中の鉄パイプに水蒸気を送り込んだとして、鉄パイプが冷たかったとしたら、水蒸気は凝結するはずです。これからやる実験では、鉄パイプをあらかじめ熱しておきます。そこに水蒸気を右端から少しだけ送り込みます。そのとき、鉄パイプの左端から何が出てくるか、水蒸気のままかどうか、しっかりと見ていてください。水蒸気は、凝結すると水になります。つまり、水蒸気を冷やせば、水に戻せるはずです。

ところがどうでしょう。熱した鉄パイプを通過した気体を、水にくぐらせたガラス管を通すことで温度を下げたのに、ガラス管の先からは泡ぶくが出て、逆さにしたガラスビンにたまりました。依然として気体のままで、水には戻っていませんね。

ビンにたまった気体は何でしょう。さっそく調べてみましょう。ガラスビンを逆さにしたまま、水から出します。そうしないと、気体が逃げてしまいますから。ビンの口に火を近づけますよ。あっ、ポッという音を立てて燃えましたね。これは、ビンの中の気体は水蒸気ではない証拠です。水蒸気は燃えないどころか、むしろ火を消してしまいますから。

この気体は、どんな水からでも、ロウソクの燃焼で生じた水からでも得られます。この気体は、鉄粉に水蒸気が作用したことでできたものです。あとに残された鉄粉は、火で燃やされたあととてもよく似た状態になっています。しかもその鉄は、水蒸気の作用を受ける前よりも重くなっています。

もし、鉄パイプの中の鉄粉が水蒸気と接触しないまま熱せられたあとで再び冷やされたとしても、重さが変わることはありません。ところが、水蒸気にさらされたことで重量が増したということは、鉄はその水蒸気から何かを取り出して、それ以外のものを通過させたということです。

もう一つのガラスビンのほうも、気体でいっぱいになりましたね。おもしろい実験をします。これが燃える気体であることはすでにわかっています。火をつければ、たちどころに燃えたわけですから。ここでは、できれば別の性質を確かめます。この気体は、とても軽いのです。水蒸気なら凝結します。この気体は凝結することなく、空中に上昇するはずです。

ここに別のガラスビンがあります。中身は空気だけです。小さなロウソクを灯して中に入れれば、ふつうの燃え方をするだけなので、空気しか入っていないことが確かめられます。もう一つのガラスビンには水蒸気を鉄と反応させてできた気体をいっぱいにし、空気よりも軽い気体として扱うことにします。空気の入ったビンの下に、横向きで置くのです（図15）。すると、水蒸気と鉄の反応でできた気体が入っていたビンの中身はどうなるでしょう。

そう、空気に置き換わっているはずですよね。では、こっちは？　こっちは、水蒸気と鉄の反応でできた、燃える気体に置き換えられているはずです。その気体は、こっちのビンに移っても、前と同じ性質と状態、独立性をそのまま保っています。な

図15 水蒸気と鉄の反応でできた気体を移す

ので、ロウソクが燃えてできるものの一部として、とても興味深い存在です。

鉄と水蒸気すなわち水と反応させてつくったこの気体は、やはり水と激しく反応するのを見た、別の物質からでもつくれます。カリウムのかけらを用意して、水とうまく反応させせれば、同じ気体が得られます。

では、亜鉛はどうでしょう。じつは、亜鉛では、水に入れても、連続的な反応は起きません。その理由を、以前、詳しく調べてみました。連続的な反応が起きないい

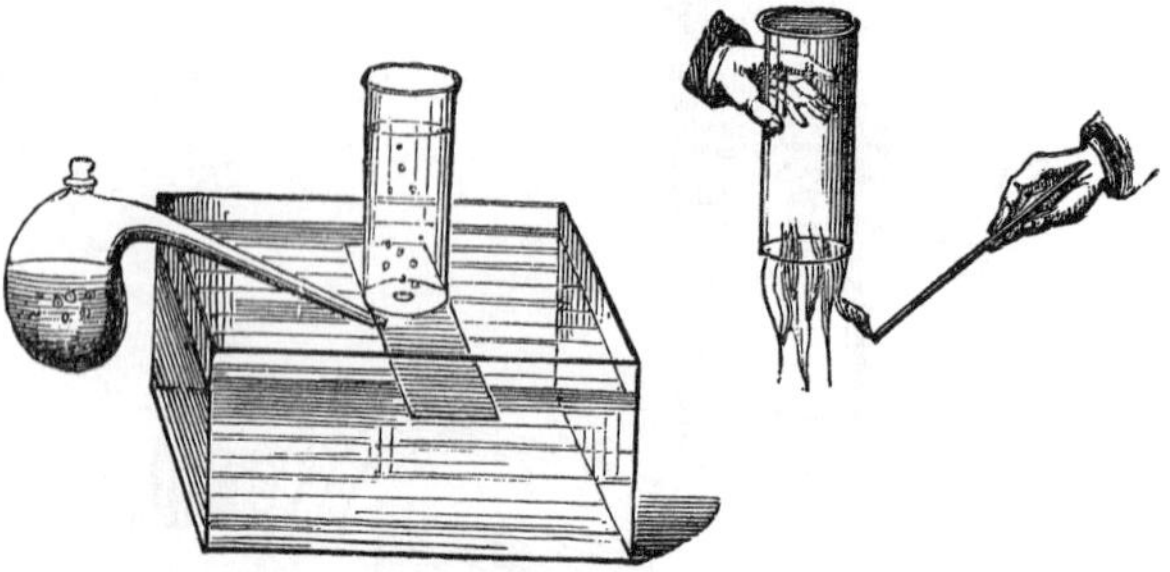

図16　亜鉛と酸の反応でできた気体を集めて火をつけると燃える

ちばんの理由は、水との反応でできたものが、亜鉛の表面を保護膜のように覆ってしまうからだということがわかりました。そのため、水に亜鉛を入れただけでは、あまり反応せず、気体はほとんど発生しないのです。ならば、反応のじゃまをしている皮膜を溶かしてしまえばいい。それには、酸をちょっぴり加えればいいのです。

さあ、水の入ったガラスビンに酸を加えますよ。たちまち、亜鉛と水の反応が始まりました。鉄の場合と同じです。ただし鉄は熱する必要がありましたが、こちらは常温での反応です。酸は、鉄の酸化物と化合するだけです。

まるで、火にかけて沸騰《ふっとう》しているみたいな反応ですね。亜鉛から、気体が大量に発生しています。水蒸気ではありませんよ。ガラスビンがその気体でいっぱいになりました。鉄パイプの実験でつくり、さかさにしたガラスビンにためた燃える気体と同じものです（図16）。水から得たこの気体は、ロウソクに含まれているのと同じ物質なのです。

水素

この二つの実験結果の関連をはっきりさせましょう。この気体は水素です。化学元素の一つです。元素は、そこからは何も取り出せない物質の素《もと》です。ロウソクは元素ではありません。炭素が取り出せますから。ロウソクの燃焼でできた水からは水素も取り出せました。水素という名前は、別の元素と結合して水をつくる素という意味です。

助手のアンダーソンさんが、水素ガスを満たしたビンをいくつか用意してくれました。それを使った実験をします。これからやる実験の方法をよく見て覚えておいてください。みんなにも家で同じ実験をしてほしいからです。ただし、よーく注意して、大人の許可をもらったうえでやるんですよ。化学の勉強が進むと、へたをすると事故につながるような危険な物質を扱うことになります。酸や熱、燃えやすいものなどは、注意しないと怪我につながります。

水素は、亜鉛のかけらと、硫酸か塩酸で簡単につくれます。ガラス管を通したコルク栓と小ビンを用意しました。この中に、亜鉛のかけらを入れます。これは、その昔、「賢者の灯火《ともしび》」と呼ばれていたものです。この実験装置は、小さいけれど、とても便利です。みんなも、家でこれを使えば、水素を発生させて好きなように実験ができます。

ここで、水の入れ方が肝心です。ほぼいっぱいだけど、満杯ではないようにしてください。なぜか？　先ほどから見てきたように、発生する気体はとても燃えやすいからです。ビンの中の空気が完全に押し出される前に管の先に火をつけようものなら、水素と空気が混ざって爆発して怪我につながりかねません。なので、ビンの中の空間は、なるべく小さくしておいたほうがよいのです。

それでは硫酸を入れます。亜鉛は少量ですが、硫酸と水は多めに入れます。反応時間を長引かせたいからです。成分の割合は、反応が速くも遅くもなく進むように、う

図17　亜鉛と硫酸の反応でできた気体は燃える

まく調整してあります。コルクに挿した管の先にガラスビンをかぶせておきます。水素は空気よりも軽いので、ビンの中にたまるはずです。

たまった気体がほんとうに水素かどうか、火をつけてテストしてみましょう。燃えたので、やはり水素だったみたいですね。この管からは水素が出ています。先っぽに火をつけてみましょう。水素が燃えています（図17）。これが賢者の灯火です。か細い炎じゃないかって？　でもすごく熱いんですよ。これほど熱い炎は、ほかには

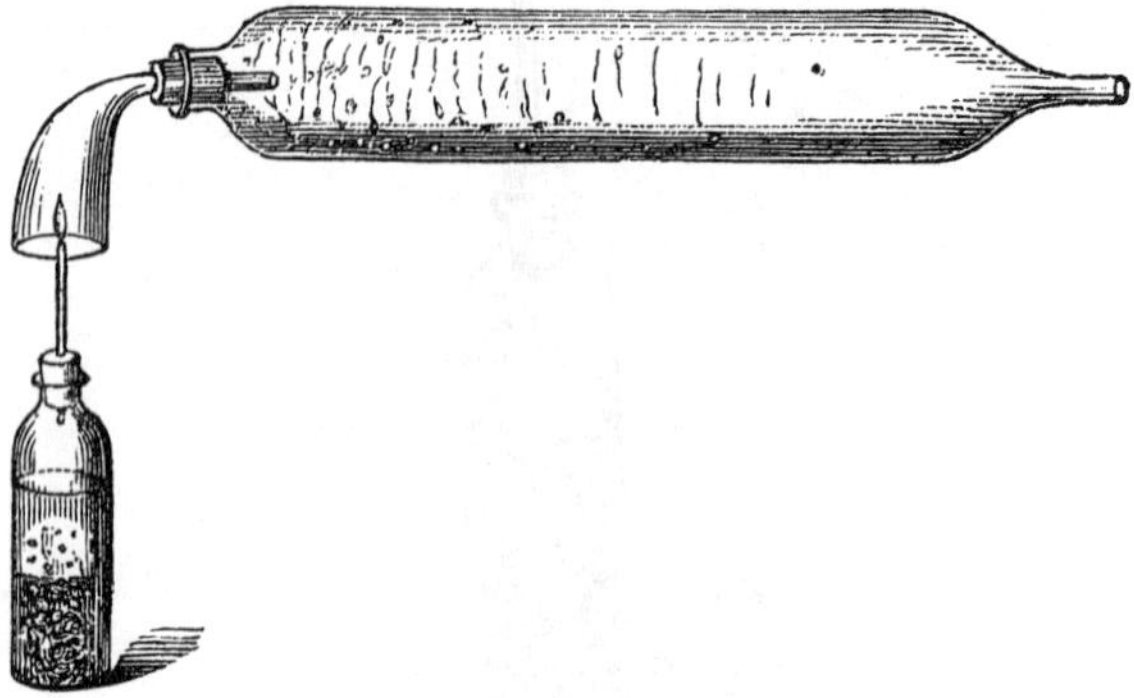

図18　水素の燃焼でできる気体を集める

ないくらいです。

ずっと燃えていますね。この炎の上に、別の装置をかぶせます。水素が燃えて何ができるかを調べるためです。ロウソクが燃えると水ができました。この水素は水からつくられました。ロウソクが空気中で燃えるのと同じ燃焼によって、水素からは何ができるのでしょう。賢者の灯火に、このガラスの太い筒をかぶせてみます（図18）。そうすれば、水素の燃焼で生じるものが筒の中で濃縮されるはずです。

筒の内側がだんだん曇ってきま

したね。ガラス面に沿って、水滴も垂れ出しました。水素の炎から生じた水は、ほかの燃焼で生じた水と同じ性質を示します。水素ガスはすごい気体です。空気よりはるかに軽いので、ものを浮かすことができます。実演してみましょう。みんなも、うまくやればできますよ。

水素発生装置と石鹸水を用意します。水素発生装置の管とパイプをゴム管でつなぎます。パイプを石鹸水に浸せば、水素でシャボン玉を吹くことになります。その前に、口でシャボン玉を吹いてみましょう。温かい息を吹き込まれたシャボン玉は、下向きに落ちていきましたね。では、水素のシャボン玉はどうなるでしょう。すごい、シャボン玉は天井まで上がっていきました。シャボン玉の下に大きな水滴がついたものまで上がっていきます。水素ガスがどれだけ軽いかわかりますね。

水素ガスの軽さを示す、もっとよい方法があります。もっと大きなシャボン玉でも上がります。それどころか、以前は気球に水素を詰めていました。アンダーソンさんが、水素発生装置に長い管をつけてくれました。これでコロジオン[14]という粘り気のある膜で作った風船を膨らませてみましょう。中の空気を追い出す必要はありません。水素ガスの威力は大きいからです。天井まで上がりましたね。一個にはひもをつけておきました。薄い膜で作った大きな風船もあります。これものぼっていきますよ。水素ガスが抜けるまで、風船は浮いたままでいるはずです。

では、水素と水の重さの関係はどうなっているのでしょう。比較の単位として一リットルで考えます。[15] 一リットルの水素の重さは、およそ〇・〇九グラムです。水一リットルは、約一キログラム、すなわち一〇〇〇グラムですね。水一リットルの重さと水素一リットルの重さはこんなにもちがうのです。

水素は、燃えているあいだも、燃えたあとにも、固形物は生じません。燃えてできるのは水だけです。冷えたグラスを炎の上にかざすと、外面が曇ってきて、すぐに水が垂れ始めます。水素が燃えても、ロウソクの燃焼でできるのと同じ水以外には何も生じないのです。自然界に存在する物質で、燃焼の産物として水しか生じないのは水素だけなんです。覚えておいてね。

さて、いろいろ勉強して疲れたと思いますが、もう少し辛抱《しんぼう》してください。水の一般的な特徴と成分について、さらに調べていきたいからです。本格的な証明は次の講義にまわしますが、そのための準備をしておきましょう。

亜鉛が酸の助けを借りて水との反応で発揮する力を見てきました。そういう力は、必要とあればどこででも発揮させられるものなのです。私の後ろに、ボルタ電池が置いてあります。今日の講義の最後に、ボルタ電池の特徴と威力をみんなに見てもらいます。私が手にしているのは、後ろのボルタ電池から電気を運ぶ電線の両端です。次回は、これを水の中で作用させてみます。

カリウム、亜鉛、鉄粉が燃焼の際に発揮する力を見てきました。しかし、ボルタ電池のパワーにはかないません。見てください。電線の両端を接触させたら、火花が飛びました。この火花は、四〇枚の亜鉛板の燃焼が生み出したものです。この電線を通せば、好きなようにこのパワーを発揮させられます。もしまちがって体に接触しようものなら、感電死しかねません。それほど強力なのです。

先ほどやったように、両手に持った電極を接触させれば、簡単に火花が出ます。ほら、このように。これは、雷何個分にも相当するほどすごい威力なのです。その威力を実感してもらうために、この電極で鉄粉を燃やしてみます。どうです、燃えたで

14　窒素含有率一一～一二％ほどのニトロセルロースをエチルエーテルとエタノールの混合液に溶かした粘性のある液体。皮膜を形成する性質があり、水ばんそうこうなどにも用いられる。

15　原文は一パイント、一立方フィートで比較している。

しょう。これは化学的なパワーです。次回の講義では、これを水に作用させます。さてどういうことが起こるでしょう、お楽しみに。

第四回　ロウソクの中の水素

みんなの目が輝いているところを見ると、まだ、ロウソクにはもううんざりというわけではなさそうですね。

ボルタ電池

ロウソクが燃えると、どこにでもあるのと同じ水が出ることがわかりました。その水を詳しく調べたところ、水素という奇妙な物質が見つかりました。このビンに入っている軽い気体が水素です。水素はすごくよく燃えること、燃えると水が出ることも確かめました。

前回の最後に、化学的なパワーを発揮するボルタ電池という装置があるという話をしたのを覚えていますか。今回はそのパワーをこの導線を通して水に作用させ電気分解することで、水の中には水素以外に何があるかを見るつもりです。熱した鉄パイプに水を通したとき、出てきた水蒸気の重さは、最初の水の重さよりも減っていましたよね。その代わりに、大量の気体が発生していました。そこで、水素以外に存在するものは何なのかを調べる必要があります。

電気分解装置がどういうものでどのように使うものかを知ってもらうために、ちょっとした実験をしてみましょう。まず、正体のわかっている物質をいっしょにするとどうなるかを見ます。ここに取り出したのは銅です。これがどんな変化を起こすのか、よく見ていてください。

こちらのフラスコには硝酸が入っています。硝酸はとても強力な薬品なので、そこに銅を入れると激しく反応します。赤いきれいな蒸気が出てきましたね。しかしこの蒸気は余計です。このままでは実験のじゃまになるので、アンダーソンさんに、しばらくのあいだ排気口の下に置いておいてもらいましょう。フラスコの中の硝酸に入れた銅は、やがて溶けます。その結果、硝酸も性質を変えて、銅と何かを含む青い溶液になります。

さてそこで、ボルタ電池がこの溶液にどのような作用をするか見ることにします。

そのあいまに、電池の威力を試す実験もします。

水みたいに見える溶液がここにあります。そこには、何らかの塩《えん》が入っているのですが、それが何かは、まだわかりません。この塩の溶液を、紙に垂らします。溶液が広がりました。そこに電池のパワーを作用させると何かが起こります。重要なことがいくつか起こるので、注意してください。あとで役に立つことなので。

この湿った紙を、銀紙の上に置くことにします。そうすれば見た目にもきれいだし、パワーが作用しやすくなるので。気づいていると思いますが、この溶液は紙に垂らしても、銀紙そのほか何に触れても、変化した気配がぜんぜんありません。あの装置にかけられるのを待っている状態です。その前に、装置の準備ができているかどうか確かめないと。

二本の導線を取り出しました。最後に使ったときと同じ状態かどうか、見てみましょう。すぐにわかるはずです。あれっ、二本の導線を接触させても、何も起こりませんね。電極という、電気の通路が止められているからです。ああ、導線の端から火花が飛びましたね。アンダーソンさんが、準備ができたという電信を送ってくれたからです。

実験を始める前に、後ろにある電池の接続を、アンダーソンさんにもう一度切ってもらいます。そして、二つの電極を白金の導線でつなぎます。その白金の長い導線が赤熱すれば、電気が通っているということがわかります。

さあ、電池を接続しましたよ。白金が赤くなってきました。電池の威力がわかりやすいように、白金の導線は細いものを選んでおきました。電池のパワーが入ったので、水の電気分解実験に取りかかるとしましょう。

白金の板を二つ用意しました。これを、銀紙の上の湿らせた紙の上に置いても、何も起こりません。白金板を取り除いても、以前のままで、何も変わっていません。では、二つの電極のどちらか一つを白金板に接触させるとどうなるでしょう。やはり、何も起こりませんね。今度は二つの電極を同時に接触させてみましょう。電極の下に茶色い斑点ができましたね。つまり、白い紙から茶色い何かを引き出したことになります。

こんなこともできますよ。この状態で、電極の一方を、紙の下に敷いてある銀紙にあてても、紙に模様が生じるのです。これなら字も書けそうですね。まるで電報です。導線の先端をペン代わりに紙に文字を書いてみましょう。ほら、「チャイルド（子供)」という字がみごとに書けました。

そういうわけで、この溶液から何かを引き出すことができました。それが何かはまだわかりません。先ほど、硝酸に銅を入れたら青くなったことを覚えていますか。アンダーソンさん、あの溶液が入っているフラスコをください。この溶液から何が取り出せるか、調べることにしましょう。実験を急ぐので、もしかしたら失敗するかもしれません。でも、あらかじめ用意しておくのではなく、みんなの目の前で実際にやってみたいと思います。

さあ、この二つの白金板を導線につないでこの装置の二つの電極にします。そして、紙に接触させたように、溶液の中に浸《ひた》すとどうなるかな。装置の末端が溶液に接触すればよいので、溶液が紙に浸み込んでいるか、フラスコの中に入っているかは関係ありません。

その前に、導線で電池とつないでいない白金板を溶液に浸しても、このとおり、白金板は白いままです。ところが、電池につないだ白金板の一つを溶液に浸して引き上げると、たちまち、まるで銅板みたいな色に変わってしまいました。しかし、もう一方の白金板は、ほら、白いままですね。

今度は電池と白金板のつなぎ方を左右入れ替えて、溶液に浸してみましょう。銅板色になった白金の色が元に戻り、白かったほうの白金板が銅板色になりました。どういうことかというと、溶液に溶けていた銅を、この装置によって取り出すことに成功したのです。

水の電気分解

この溶液のことはひとまず置いといて、この装置で水を分解するとどうなるかを見ることにします（図19）。電池の電極の端に、白金板を接続します。ガラスビンCは、分解して中の構造が見えるようになっている容器です。Cの下に置いた二つのカップAとBには水銀が入っていて、白金板に接続した導線の端が浸《つ》かっています。ガラスビンCには、少量の酸を含む水を入れてあります。この酸は、反応を促進するためのもので、それ自体は変化しません。Cの上部からは曲がったガラス管Dが下向きに、ガラスビンFの底までのびています。炉の実験で鉄パイプに取りつけた管に似ていますね。

装置の準備ができたので、水がどうなるか見ることにします。炉の実験では、赤熱

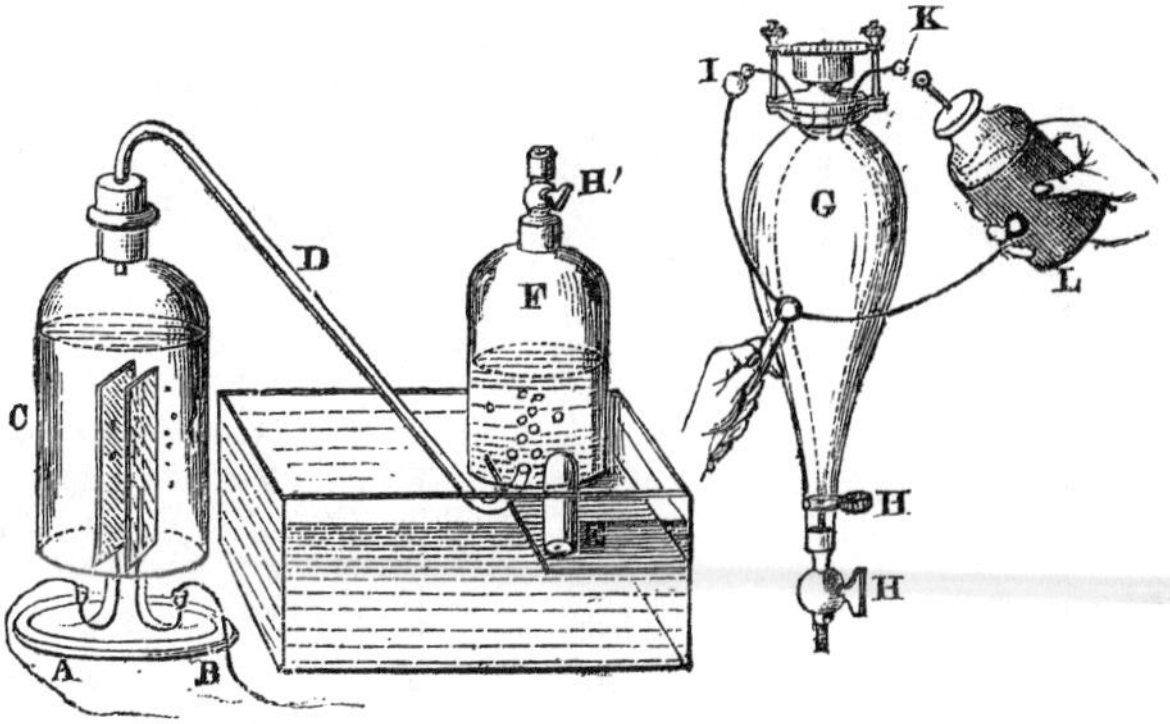

図19　水の電気分解で出てきた気体を集めて火花を飛ばす

させた鉄パイプに水を送り込みました。今度の実験では、ガラスビンCの中の溶液に電気を通します。水が沸騰《ふっとう》する可能性も考えられます。水が沸騰すれば水蒸気が出ます。水蒸気を冷やせば水に戻るので、水が沸騰したかどうかがわかるはずです。

　でも、沸騰はせずに何か別のことが起こる可能性もあります。とにかく実験すればわかります。

　導線の一つはA、もう一つはBにつなぎます。何が起こるかはすぐにわかります。ああ、沸騰しているように見えますね。でも本当に沸騰かな。水蒸気が出ているかどうかを見ればわかりますね。水蒸気が出ているなら、ガラスビンFにたまるはずです。でも、水蒸気ではなさそうですね。ごらんのように、ガラスビンFの中の水の上にたまったまま、変化していないので。

何か別の、変化しない気体なのでしょう。水素かもしれません。水素なら燃えるはずです。試してみましょう。火をつけたら爆発的に燃えました。

たしかに燃えたけど、水素の燃え方とはちがいましたね。水素だったら、あんな音は出ませんから。でも、炎の色は水素のそれに似ていました。この気体は、空気に触れなくても燃えるのです。それを証明するための装置をくふうしました（図19の右の装置）。電池については、水銀が沸騰するくらい強力なので、気体もたくさん発生します。ガラスビンの口は閉じてあります。そうすることで、発生した気体が空気なしでも燃えることを示そうというのです。ロウソクが燃えるには空気が必要だったことを思い出してください。

実験の手順を説明します。ガラスビンGには、二本の白金の導線IとKが装着してあります。そこから電気が流れます。ガラスビンには空気ポンプが接続してあって、それで中の空気を抜きます。空気を抜いたら、ガラスビンFに接続し、水にボルタ電池を作用させることで発生する気体をガラスビンGにためます。

ここまでの実験では、単に水の状態を変えただけではなく、水を気体に変化させました。水の電気分解によって生じたすべてのものがガラスビンにたまるようになっています。ガラスビンGとFにはガラス管が接続してあって、栓Hで開け閉めできるようになっています。栓Hを開くと、Fの水位の変化を見ることで、気体がガラスビンGに入っていくのを確認できます。

ガラスビンGに気体がたまったところで栓を閉めます。そして、静電気を発生させるライデンビン[16]Lで、Gの中の気体に火花を飛ばします。すると、それまで透明だったガラスビンGの内面が曇るはずです。見てください、ガラスビンGの中に火花が飛んで、中の気体に火がつきましたね。がんじょうなガラスビンなので、音は聞こえませんでした。中の光が見えましたか。

栓をもう一度開ければ、気体がまたたまっていくのを確認できます。栓を開けます

16　ガラスビンの内面と外面に金属箔をはり、両者をコンデンサーの両極にした装置。金属箔に静電気がたまる。一八世紀半ばにライデン大学で発明されたことからこう呼ばれている。

よ。たまっていた気体は燃えて消滅したので、空っぽになったガラスビンGに新しい気体がたまります。

ガラスビンGの内側が曇りましたね。気体から水ができたことがわかります。実験を繰り返すとガラスビンGの中が空っぽになることが、ガラスビンFの水位が上がることで確認できます。水の電気分解で生じた気体は火花によって爆発して水になるので、爆発のたびにガラスビンGの中は空っぽになっています。そして、ガラスビンGの内面を水滴が垂れて底に水がたまっていくのがわかります。

さてここまで問題にしてきたのは水だけで、空気については気にしてきませんでした。ロウソクの燃焼で水ができるにあたっては、空気の助けを借りていました。しかしこの方式だと、空気とは関係なく水ができます。ということは、ロウソクでは空気からもらった物質が水にも含まれているということになります。その物質が水素と化合して水ができるのです。

ところで、この電池の一方の極には、青い溶液から引き出された銅が付着していました。導線がパワーを発揮したためです。ということは、金属を溶液に溶かしたり取り出したりするパワーが電池にあるのなら、水の構成成分をバラバラにして、あっち

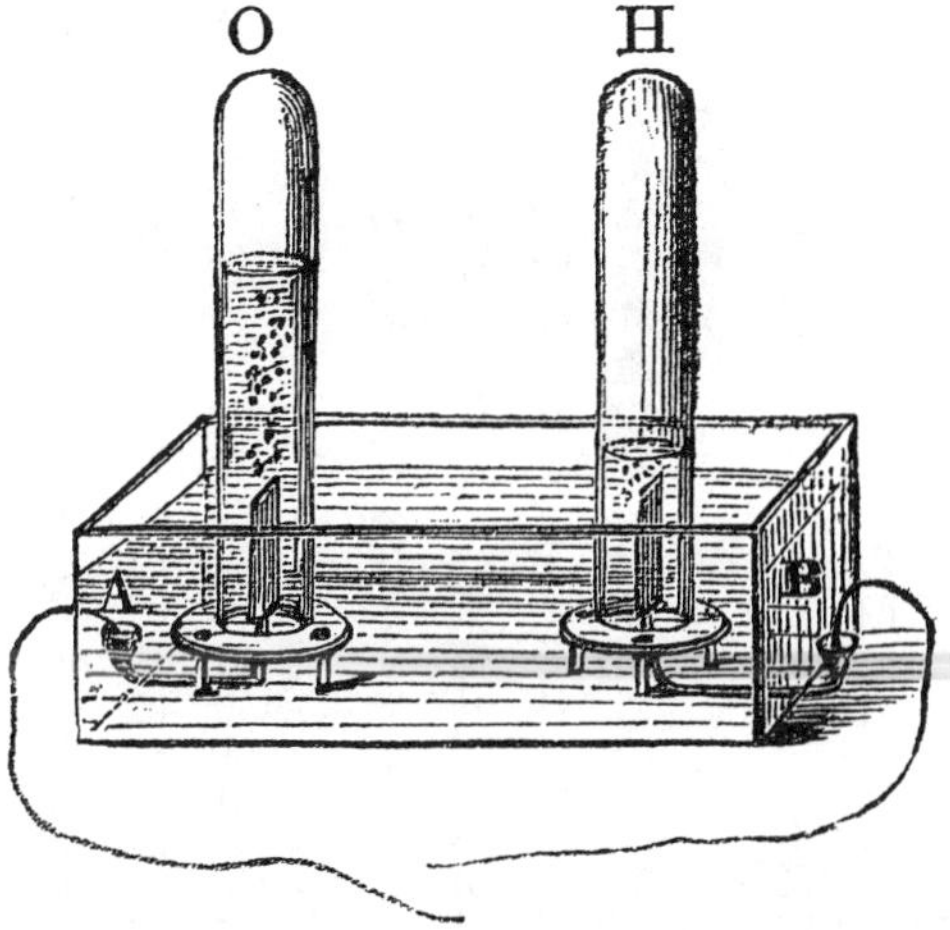

図20　電気分解で出る気体を別々に集める

とこっちに振り分けることもできそうな気がしませんか。そこで、ガラスビンの中の水に、電池の電極の端につないだ二つの金属板を離して浸けた状態で何が起こるかを見ることにしましょう（図20）。

左の金属板をA、右をBとしましょう。二つは離しておきます。それぞれ、穴の開いた小さな台をくぐらせることで、あとでその上にガラス管をかぶせられるようにしておきます。こうすれば、電極につないだ二つの金属板それぞれから発生する気体を別々に集めることができます。

先ほどの実験では、水は水蒸気ではなく、気体になりましたよね。水に浸けた金属板は導線にしっかりと接続してあります。あれ、泡が出始めましたね。水を満たしたガラス管を逆さまにかぶせて、泡を集めます。

Aにかぶせたガラス管をO、Bにかぶせたガラス管をHとします。どちらの管にも気体がたまり始めました。気体のたまりかたは、OよりもHのほうが速いですね。逃げ出した泡もありましたが、着実にたまっています。量にちがいがありますね。Hのほうが、Oの二倍くらいありそうです。

どちらの気体も無色です。凝縮せずに、水の上にとどまっている点も同じです。見た目上、ちがいはありません。それでは、気体の正体を確かめることにしましょう。たくさん集められたので、実験するのに助かります。まずはガラス管Hです。水素だと思うけど、どうかな。

水素の特徴を思い出してください。水素は軽い気体で、逆さまにしたガラス管の中にとどまります。ガラス管の口に火をつけると、青白い炎を上げて燃えます。この気体はこの条件を満たすかどうか。逆さまにしたガラス管の中にとどまっていますね。火をつけると、ほら燃えました。

燃えて水に

次はもう一つの気体です。二つの気体を混ぜると爆発しやすくなることはわかっています。水の構成成分の一つで、水素を燃やす物質なのですが、いったい何なのでしょう。このガラスビンに入れた水が二つの物質で構成されていることはわかっています。そのうちの一つは水素でした。では、電気を通す前は水の中にあって、今はそこから出てきているものは何なのか。

この気体の中に、火をつけた木片を入れてみますよ。気体そのものは燃えていないのに、木片が勢いよく燃えましたね。空気中ではそうでもなかったのに、すごい勢いです。水を構成する水素以外のもので、ロウソクが燃えて水ができたときに空気中から取り出されたもの、それがこのガラス管の中に入っているということです。

これを何と呼びましょう。A、B、Cかな?　いや、先ほどからOと呼んでいましたよね。じつはこれ、オキシジェン（酸素）のOだったのです。この酸素こそが、水を構成する物質のもう片方なのです。

これまでの実験と研究の意味がますますわかってきましたね。もう一度振り返れば、ロウソクが空気中で燃えるわけがわかるはずです。この実験では、電気分解によって水の構成成分を分けたことで、水素とそれを燃やす気体を、体積として二対一の割合で得ることができました。重量の比率で比較すると、表1に示したように、たとえば一〇〇グラムの水は八八・九グラムの酸素と一一・一グラムの水素に分解されます。これを比率になおすと、水素一に対して酸素が八で、水は九になります。[17] 水素に比べると酸素はずいぶん重いことがわかります。水はこの酸素と水素という二つの元素でできているのです。

水から酸素を取り出す方法を見たわけですが、大量の酸素を集めるにはどうすればよいのでしょう。ロウソクが燃えると水ができましたよね。これは、空気中に酸素があるからできることなのです。そうでなければ、そんなことは化学的にありえません。では、空気中から酸素を取り出すにはどうすればよいのでしょう。

空気から酸素を取り出す方法としては、とてもややこしくて難しいやり方がいくつかあります。でもじつは、簡単な方法もあります。二酸化マンガンという真っ黒な物質を使う方法です。ほんとうに真っ黒な鉱物で、真っ赤に熱すると酸素を放出するのです。

ここに取り出したのは鉄製のビンで、中には二酸化マンガンが入っていて、口の部分に長い管がついています（図21）。これはレトルトと呼ばれるガラスの乾留装置[18]で、火にかけて中身を蒸し焼きにするために使います。鉄製のビンなので、火にかけてもだいじょうぶです。アンダーソンさん、お願いします。

こちらの白い粉は、塩素酸カリウムという塩《えん》です。今では漂白や化学、医学などの用途のために大量に製造されています。花火にも使われています。これを二酸化マンガンと混ぜてレトルトに入れると、二酸化マンガンだけのときよりも低い温度で酸素を放出します。酸化銅や酸化鉄でも酸素が放出されます。

ここでの実験では、大量の酸素を集める必要はありません。ただし、少なすぎてもダメです。なぜなら、最初に出てくる気体には、レトルトの中に最初から入っていた空気が混ざっているからです。なので、空気が混ざっている最初の気体は捨てます。見てわかるように、このやり方だと、ふつうのアルコールランプを使って加熱するだ

17　原文に重さの単位はないが、理解しやすいように補った。
18　石炭ガスなどの製造に用いられた。

表1　水を構成する水素と酸素の重量比（左）と100グラムの水における重量（右）

水 9	水素 1	
	酸素 8	

水素	11.1g
酸素	88.9g
水	100g

けで、必要な量の酸素を集められます。

二酸化マンガンだけを真っ赤に加熱する方法も試していますが、塩素酸カリウムを混ぜておだやかに加熱する方法でもだいじょうぶなのです。ほら、少量の混合物からでも気体がどんどん出てきますね。この気体の性質を調べましょう。この実験でも、電池による電気分解のときと同じように、透明で水に溶けない気体が得られました。見た目には空気と区別できませんね。さっきも言ったように、最初に出てきた気体には空気が混ざっているので、それは確実に捨てます。実験はきちんとやらなければいけません。

ボルタ電池で水から得た酸素には、木片や蠟などを燃やす力がありました。こちらの実験で得た気体にも、それと同じ性質があるはずです。試し

図21　二酸化マンガンを入れた鉄のビンを蒸し焼きにする

てみましょう。細いロウソクに火をつけて、一つは空中で燃やし、もう一つは酸素と思われる気体の入ったガラスビンの中に入れますよ。ガラスビンの中のロウソクのほうが、明るく輝くように燃え始めましたね。ガラスビンの口が開いていてもよく燃えています。つまり、酸素は重い気体だということがわかります。それに対して水素はどうでしたっけ。水素ガスを入れた風船は、まるで気球のようにのぼっていきました。風船で包まなければ、もっと速くのぼっていくはずです。

図22　酸素の性質を調べるための小ロウソク

水は水素と酸素から

水からは酸素の二倍もの量の水素が得られました。しかし、水の中の酸素の重量は水素の二倍というわけではありません。それは、酸素は重い気体であるのに対し、水素は軽い気体だからですよね。気体の重さを量る方法もありますが、実験を中断したくないので、酸素と水素の重さを教えちゃいます。一リットルの水素の重さは〇・〇八六グラム、同じ量の酸素の重さは一・三七グラムほどです。これをずいぶんなちがいですね。これを一立方メートルで比べるなら水素は八六グラム、酸素は一・三七キログラムとなって、普通の量りでも量れる重さになります。[19]

それでは、燃焼を促進する酸素の性質を、空気との比較で調べてみましょう。大ざっぱなやり方なので大ざっぱな結果になりますが、ロウソクを使います。空気中で燃えているロウソクは、酸素の中ではどうなるでしょうか（図22）。

このガラスビンに酸素が入っています。これをロウソクにかぶせると、空気中の場合と比べてどうなるか。どうです、見てください。ボルタ電池で水を電気分解してできた気体のときと同じくらいの光ですね。ものすごい反応じゃないですか。ただし、こんなに激しく燃えていても、生じる物質はロウソクが空気中で燃えていたときと同じです。生じるのは水なのです。空気の代わりに酸素を使っても、ロウソクが燃えてできるのは水で、空気中で燃えた場合と同じ現象が起こっているだけなのです。

酸素という新しい物質について、だいぶわかってきましたね。ロウソクが燃えて水ができることについての理解を深めるために、酸素を別の角度からも見てみましょう。

19　原文では単位としてパイント、グレイン、立方フィート、オンスを使用している。

酸素が燃焼を促進する威力はたいしたものです。たとえば、灯台や顕微鏡用の照明などさまざまな用途に使われているランプの原型を考えてみましょう。こんなふうな単純な構造をしたランプです。

明るいランプがほしいなら、「ロウソクは酸素の中ではよく燃えるのだから、ランプもそうすればいいじゃないか」と思いますよね。そうですよね、やってみましょう。アンダーソンさん、酸素ボンベにつないだチューブを取ってください。あらかじめ燃えにくいようにしておいたランプの炎にチューブの先を向けてみますよ。酸素が出て来たら、ほら、こんなに元気に燃え始めました。ところがボンベの栓を閉じると、ランプの炎は以前の暗さに戻ってしまいましたね。

このように、酸素が燃焼を促進する威力にはすごいものがあります。その影響力は、水素や炭素やロウソクだけではありません。たいていの物質の燃焼すべてを高めるのです。たとえば、鉄の燃焼を試してみましょう。鉄が空気中でも少しは燃えることは、すでに見ました。酸素が入っているガラスビンがここにあります。それと、鉄のコイルも。これがたとえ手首くらい太い鉄の棒でも、同じように燃えるはずです。

最初に、鉄のコイルに小さな木片を取りつけておきます。その木片に火をつけてか

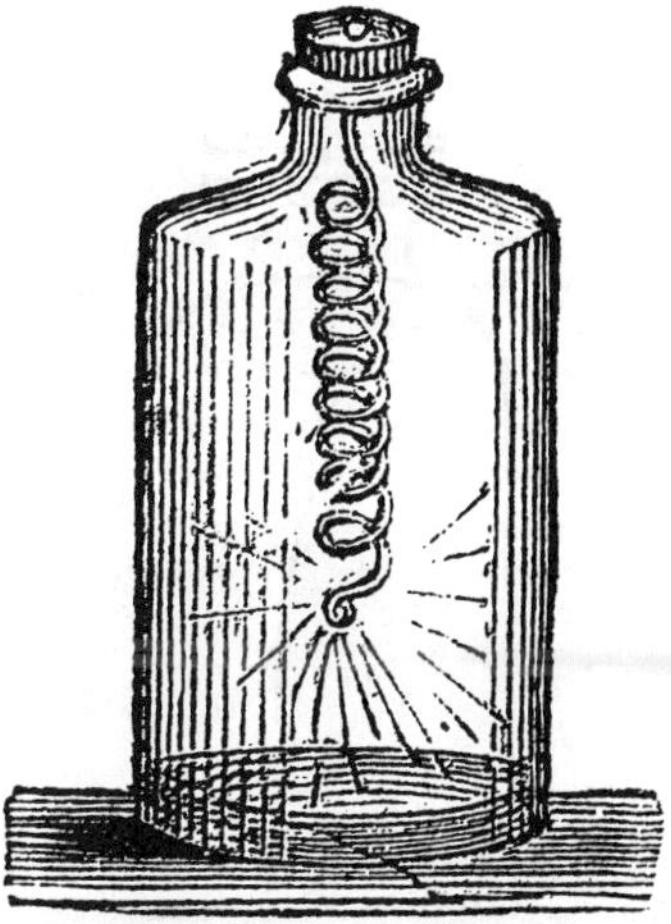

図23　酸素の中で鉄のコイルを燃やす

ら、コイルといっしょに酸素入りガラスビンの中に入れます(図23)。木片が勢いよく燃えだしましたね。いかにも酸素の中ならではの燃え方です。じきに鉄のコイルにも燃え移るはずです。

ほら、鉄のコイルが激しく燃えだしました。鉄の燃焼は長続きします。鉄が燃えてなくなるまで、酸素の供給が続く限り、鉄は燃え続けるからです。

燃えている鉄のほうはそのままにしておいて、別の物質を試すことにしましょう。時間がいくらでもあればすべての例を試せるので

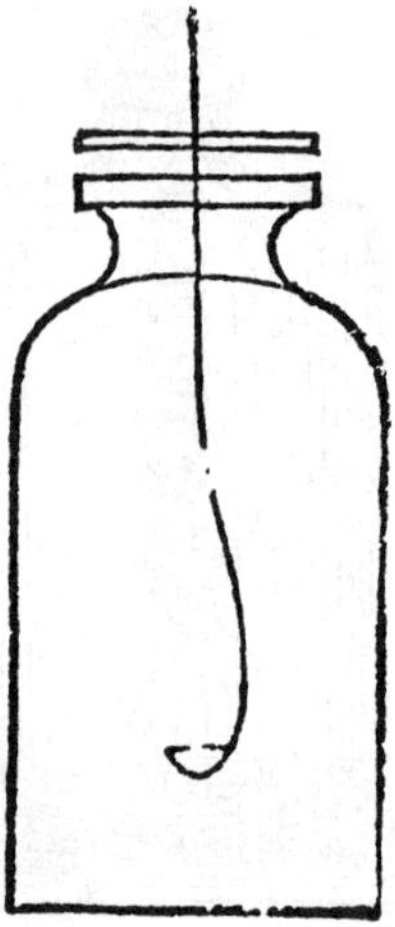

図24　酸素の中でリンを燃やす

すが、時間は限られているのでそうもいきません。

今度は硫黄《いおう》です。硫黄は空気中でもよく燃えることは知っていますよね。それが酸素の中ではどうなるか。空気中で燃えるものなら、酸素の中ではさらに激しく燃えるはずです。ということは、燃焼にかかわる空気の威力のすべては、酸素のおかげかもしれないとは思いませんか。酸素の中で硫黄が静かに燃えだしました。でも注意して見ていてください。空気中で燃えているときとくらべると、こちらの反応のしかたのほうがずっと強力で活発ですね。

次に試すのはリンです。これは、みなさんが家でやるよりもここでやったほうがよい実験です。リンはものすごく燃えやすい物質だからです。空気中でもすごく燃えやすいリンを酸素の中で燃やしたらどうなるか、想像できますか。これからする実験では、燃え方をわざと抑え気味にします。そうしないと、実験装置が破裂してしまうからです。ガラスビンが割れたら大変です。何事も注意深くやって、物は壊さないようにしないといけません。

さあ、空気中での燃え方を覚えておいてください。これを酸素の中に入れますよ(図24)。ものすごく輝いていますね。固体の粒子が飛び散って、それが炎を輝かせているのがわかります。

酸素と水素

ここまで、酸素のパワーと、酸素と他の物質が反応して生じる激しい燃焼を試してきました。ここで少しだけ、酸素と水素の反応を見てみたいと思います。水の電気分解で出てきた酸素と水素を混ぜて燃やすと、ちょっとした爆発が起こることはすでに見ました。酸素と水素それぞれをジェット噴出させて燃やすと、明るくはないけれどものすごい熱が出たことも覚えているはずです。ここでは、酸素と水素を、水の中にあるときと同じ割合で混ぜたものに火をつけようと思います。

このガラスビンには、酸素と水素が体積にして一対二の割合で入っています。ボルタ電池で水を電気分解して出てきた気体とまったく同じ状態というわけです。これ全部をいっぺんに燃やしたら大変なことになるくらいの量です。なので、この気体でシャボン玉を膨らませて、それに火をつけてみようと思います。そうすれば、酸素が水素の燃焼をどのように支えるかがわかるはずです。

そのためには、シャボン玉がうまく膨らむかどうかですね。酸素と水素の混合気体を、タバコのパイプを通して石鹸水に吹き込みますよ。シャボン玉が膨らみました。手のひらにのせてみましょう。遊んでいるわけではありません。派手な音にだまされず、実際に何が起こっているかをきちんと見てください。

手のひらのシャボン玉を爆発させてみます。パイプの端で膨らんでいるシャボン玉に火をつけていたら、こんなものではすまなかったはずです。火がパイプを通ってガラスビンにまで燃え移り、粉々に破裂させていたことでしょう。さあ、今見て聞いたとおり、酸素が水素と結合した途端に反応が起こってシャボン玉が破裂し、大きな音がしました。水素の性質を帳消しにするために酸素のすべてのパワーが利用されたのです。

ここまでの話で、酸素と空気に関連する水の化学のすべてがわかったのではないでしょうか。では、カリウムのかけらはどうして水を分解するのでしょう。それはカリウムが、水の中の酸素を見つけるからです。カリウムを水に入れると何が出てくるでしょう。それについてはこれからもう一度やってみますが、出てくるのは水素です。その水素は燃えます。その一方で、カリウムそのものは酸素と結合します。

水といえば、ロウソクが燃えて出てくるのも水でした。このカリウムのかけらは、水を分解するにあたり、ロウソクの燃焼では空気から奪っていた酸素を水から奪って、水素を解放しているのです。水ではなく氷でも、その上にカリウムのかけらをのせると、氷によってカリウムが確実に発火させられるほど、酸素と水素の親和力はみごとなのです。

ここでこの実験をするのは、燃焼と水の関係についてみんなの理解を深めるためです。条件によって、実験結果が大きく変わることがわかると思います。さあ、氷の上にカリウムをのせました。まるで火山の噴火みたいですね。

今日は、いろいろと変則的な反応を実演しました。なので次の回では、ふだんの生活では、こんな奇妙で特別な反応を目にすることはないという話をするつもりです。私たちを導くために自然が定めた法則に従っている限り、ロウソクの炎だけでなく、ガス灯の明かりやストーブで火を燃やすときでも、こんな異常で危険な反応が起こることはないという話です。

第五回　大気の正体

ロウソクが燃えると水ができて、水からは酸素と水素ができるということを学んできました。ロウソクには水素が入っていることがわかりました。空気には酸素があることもわかったと思います。そこで、「ロウソクの燃え方が空気中と酸素中でちがうのはどうしてなの？」という疑問をもって当然です。

燃えているロウソクに酸素の入ったガラスビンをかぶせたときに起こったことを覚えていますか。それなら、空気中で燃えるときとは燃え方がずいぶんちがっていたことも思い出せますよね。なぜでしょう。これはとても重要な疑問です。今日はそれについて学んでいきましょう。大気の性質と密接にかかわる問題ですし、私たちの生活にとってもとても重要な問題だからです。

空気中の酸素

酸素の存在を確かめるには、ものを燃やす以外にもいくつかの方法があります。酸素中と空気中でロウソクを燃やす実験は見たとおりです。リンを酸素中と空気中で燃やす実験もしました。鉄粉を酸素の中で燃やす実験もしました。それ以外の方法もあるので、そのうちの一つか二つの実演をします。そうすれば、みなさんの理解と経験はさらに深まるはずです。

ここに酸素が入ったガラスビンがあります。ほんとうに酸素なのかどうかを証明しましょう。このガラスビンに火のついたものを入れれば、ガラスビンの中身が酸素なのかどうかわかるはずです。ならばやってみましょう。

やはり威勢よく燃えだしたので、証明できましたね。

次は、酸素の存在を調べる別の方法を試します。これはとても奇妙なやり方ですが、便利でもあります。このガラスビンには気体が充満していますが、中に仕切りがあって、両方の中身が混ざらないようになっています。その仕切りをはずすと、一方の気体がもう一方に移動していきます。

「何が起こるんだろう。あれっ、ロウソクのときみたいな燃焼は起こらないじゃないか」と言いたくなるかもしれません。でも、酸素がほかの物質と出合うことで酸素の存在が明らかになるのです。

どうです、透明だった気体が赤くなりましたね。同じようにこの試験用気体[20]にふつうの空気を混ぜる実験をやることもできます。こちらのガラスビンには、ロウソクを入れると燃えるふつうの空気が入っています。もう一つのガラスビンには試験用気体が入っています。この二つのビンの中身を水の上で混ぜるとどうなるでしょう。試験用気体を空気の入っているビンに注《そそ》ぎます。ほら、前の実験と同じ反応が起きましたね。空気の中に酸素が入っている証拠です。ロウソクの燃焼で生じた水からとれたのと同じ酸素です。

それにしても、ロウソクの燃え方が空気中と酸素中とでこんなにちがうのはどうしてなのでしょう。それについてはすぐに答えが出ます。

ここに二つのガラスビンがあります。どちらにも同じ高さまで気体がつめてあります。見た目には同じですね。一つは酸素でもう一つは空気であることは確かなのです

20　一酸化窒素のこと。

が、どちらがどちらなのか、私は知りません。でも試験用気体があるので、二つのビンにそれを注ぎ、中身の気体によって赤くなる度合いにちがいが出るかどうかを調べてみましょう。

まず、こちらのビンに試験用気体を注ぎますよ。赤くなりましたね。酸素が入っている証拠です。もう一つのビンにも試験用気体を注ぎます。こちらはそれほど赤くなりませんね。

じつは、さらにおもしろいことが起こります。両方のビンに水を入れてよく振ると、赤い気体が吸収されてしまうのです。水をさらに注いでよく振ると、さらに吸収されます。この作業を、ビンの中に酸素が存在して赤い気体の吸収が続く限り続けます。試験用気体を追加しなければ、空気を入れても何も起こりません。でも水を入れれば、とたんに赤い気体が消えます。

今度は、試験用気体を注ぎ続けて、それでも赤くならない何かが残るまでそれを続けます。何が起こっているのでしょう。おわかりですよね。空気中には酸素以外にも何かが存在しているからですよね。ビンに空気をもう少しだけ入れてみましょう。それで赤くなれば、試験用気体が残っていることになるわけで、空気が残っているのは試験用気体がなくなったからではないということがわかります。

私が何を言いたいのか、わかってきましたか。空気を入れたガラスビンの中でリンを燃やしたときのことを思い出してください。リンと空気中の酸素によって生じた煙がたちこめましたが、燃えていない気体もかなりたくさん残っていましたよね。ちょうど、酸素を赤くする試験用気体が反応しない何かを残したのと同じです。ようするに、リンと反応しない気体、試験用気体が反応を起こせない、酸素ではない何かの気体があとに残されていて、それも大気中の空気の一部だということなのです。

これは、空気を二つの構成成分に分ける方法でした。一つは、ロウソクやリンなどを燃やす酸素です。もう一つは、それらを燃やさない窒素です。こちらの成分は、空気の中でかなりの部分を占めています。

それと、調べてみると、とてもおかしな物質だということがわかります。じつに奇妙な物質なのですが、その一方で、あまりおもしろくないと思うかもしれません。どこがおもしろくないかというと、燃焼ではめざましいことをしない点です。

酸素や水素の中で小さなロウソクを燃やす実験を前にしましたが、それを窒素でやっても、水素のように燃えたりしないし、酸素のようにロウソクを勢いよく燃やすこともありません。何をどう試しても、どんな反応も起こしません。自分が燃えるわけでもなく、ロウソクを燃やすわけでもないのです。それどころか、あらゆるものの燃焼を消してしまいます。

ふつうの状態では、窒素の中で燃えるものは存在しないのです。臭《くさ》かったりもしません。においがないのです。水にも溶けません。酸性でもアルカリ性でもありません。私たちの体に対して、いっさいどんな作用もおよぼさないのです。

そんな気体なので、「これって、存在しないに等しいんじゃない？　化学的に注目する必要なんてない。空気の中で何をしているの？」と思うかもしれません。でもちがいます。よーく観察して科学的に考えると、空気のすばらしいみごとな性質が見えてきます。

空気が窒素だけとか、窒素と酸素でできているのではなく、酸素だけでできているとしたらどうでしょう。酸素を入れたビンの中では鉄粉が燃え尽きたことを覚えていますよね。鋳物《いもの》製のストーブの中で赤々と燃える火を思い浮かべてください。空気のすべてが酸素だとしたら、ストーブはどうなってしまうと思いますか。石炭よりもストーブのほうが威勢よく燃えかねませんよね。ストーブの中で燃やす石炭よりも、ス

表2　空気を構成する酸素と窒素のおおよその比率

	体積の比率	重さの比率
酸素	20	22.3
窒素	80	77.7
合計	100	100

トーブの鋳鉄《ちゅうてつ》のほうが燃えやすいからです。
空気のすべてが酸素だとしたら、ボイラーの火室で火をたいて蒸気で動く蒸気機関車は、燃料貯蔵庫の中で火をたいているようなものです。

窒素は、そんな酸素のはたらきを中程度に抑え、私たちの生活に役立てていてくれているのです。そのほかにも、ロウソクなどの燃焼で生じた煙を運び去り、大気中に拡散してくれています。そうすると、必要とされるところに運ばれていきます。煙の中には、植物が生きていくうえで必要なものも含まれているのです。最初、窒素の話を聞いて、「こいつは物の役にも立たないやつだ」と思ったかもしれませんが、すばらしい仕事をしているのです。窒素は、ふつうの状態では不活性な元素です。よほど強力な電気の力でもかけないかぎり、窒素が大気中の他の元素や周囲の元素と結合することはありません。とにかく無反応で、だからこそ安全な物質なのです。

しかしそのことに話を進める前に、大気について説明しておきましょう。大気中の空気を構成する酸素と窒素の比率は表2の通りです。

これは大気中に存在する酸素と窒素の量のおおよその数値です。この割合でいくと、五リットルの大気に含まれる酸素はわずか一リットルで、窒素はその四倍の四リットルということになります[21]。これが大気中の酸素と窒素の体積比率なのです。

ロウソクを適切に燃やし、私たちの肺がすこやかに呼吸できる大気であるためには、これだけの量の窒素で酸素を薄める必要があるのです。酸素を呼吸にとって適切な濃度にすることと、大気を暖炉やロウソクの燃焼にとって適切な組成にすることが、共に重要なことなのです。

そこで大気の話に入ります。まず、二つの気体の重さですが、一リットルの窒素の重さは一・一八グラムです。酸素はそれよりも重くて、一リットルが一・三六グラムです。一リットルの空気の重さは、およそ一・二二グラムです[22]。

よく受ける質問は、「気体の重さはどうやって量るんですか」というものです。もっともな質問です。説明しましょう。とても簡単です。

必要なのは天秤《てんびん》と銅製の容器です。銅製の容器は、旋盤を使って削り、必要な強度を満たす範囲でできるだけ軽く作ってあります。気密性もあって、開け閉めできる栓がついています。最初に栓を開けて、空気を入れておきます。その容器を天秤にのせて、分銅で釣り合いをとっておきます。この容器に空気を押し込むためのポンプがこれで、押し込む空気の量はポンプを押す回数で量ります（図25）。

ポンプを二〇回押すことにしましょう。容器の栓を閉めて天秤にのせますよ。容器の側が沈みましたね。空気を押し込む前より重くなったということです。重さが増えた分は、ポンプで押し込んだ空気の分です。ただし全体の体積は変わっていません。むりやり押し込んだせいで、体積の割に重い空気になっているのです。どれだけの量の空気を押し込んだのか気になりますね。それを量るための装置がこれです（図26）。

21 原文の単位はパイント。

22 原文では、パイント、グレイン、立方フィート、オンスなどの単位で比較している。

図25　空気の重さを量るための銅製の容器とポンプ

底のないガラスビンを水槽に立て、水をいっぱいにしておきます。そのビンの口と銅製の容器の栓をつなぎます。栓を開けると、押し込んだ空気がガラスビンに移動して、ビンの中の水を押しのけます。押しのけられた水の体積が、ポンプで押し込んだ空気の体積です。押し込んだ空気の重さは、先ほど天秤で量った増分なので、これで空気の重さが計算できるわけです。ビンと容器を接続し、栓を開けますよ。ほら、ビンの中の水の水位が下がりました。容器をはずし、もう一度天秤にのせます。最初の

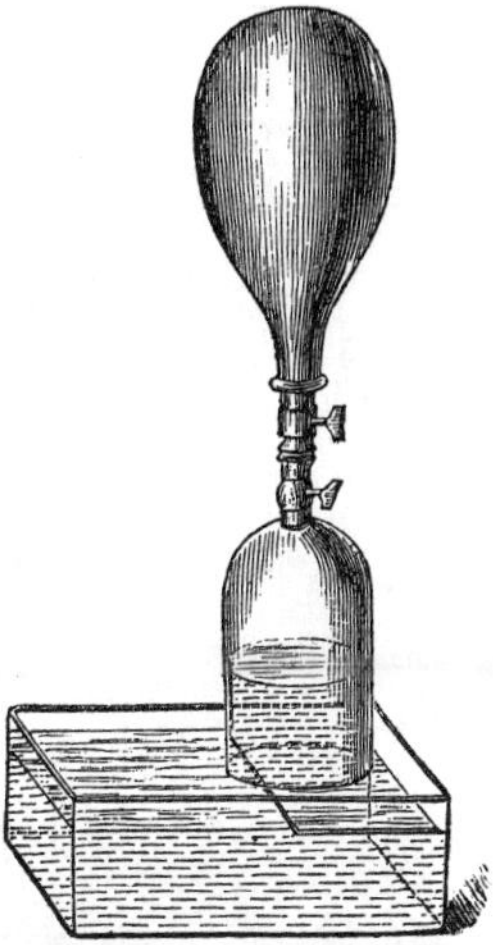

図26　銅製容器の中の空気の体積を量る装置

分銅と釣り合えば、実験は成功したことがわかります。

どうです、天秤が釣り合いましたね。これで、ポンプで押し込んだ空気の量と重さがわかったことになります。この方法で計算すると、一リットルの空気の重さは一・二二グラムであることがわかるのです[23]。しかしこんな小規模な実験では、気体の重さを実感することはできませんね。

一リットル一・二二グラムの空気の量が増えると、はたしてどうなるか。あそこの大きな箱を用意してみました。あの箱の中の空気の重さは一キログラムもあります。試みに、この講義室の中にある空気の重さを計算してみました。想像できないと思いますが、なんと一トンを超えています。空気の重さは、量と共にあっという間に大きくなるのです。

大気の存在は、とても重要です。その中の酸素と窒素の存在も。大気には、物質をあちらからこちらへ運んだり、有害な気体を有益になる場所に運んでくれるはたらきもあるからです。

空気の圧力

空気の重さについての実験をしたので、次は空気の重さがもたらす作用を見ることにしましょう。そうしないと、空気の重さを理解したことにはならないので。

こんな実験、見たことあるかな。空気を押し込むのに使ったのと似たポンプを用意して、ポンプの端の排気口を手のひらで押さえられる装置を作ってみました。

空気中では、何の抵抗も感じずに、手を自由に動かすことができます。空気の抵抗を感じるほどのスピードで体を動かすことは難しいですよね。では、ポンプの排気口を手のひらで押さえてポンプを引くとどうなるか、やってみましょう（図27）。

ああ、手のひらが吸い付いてしまいました。手を持ち上げようとすると、ポンプ全体が動くくらいです。どうしたんでしょう。これは、手の上に存在する空気の重さのせいです。

別の実験も用意しました。こちらのほうが、空気の重さをもっと実感できるはずです。ポンプにつないだガラス容器の口に薄い膜がはってあります。ポンプを引いて中の空気を抜くとどうなるか。さっきの実験とは別のかたちで空気の影響が表れます。最初、膜は平らですよね。ポンプを少しずつ引くと、膜がへこみ始めました。どんどんへこんでいきます。このまま引き続ければ、上から押しつける空気の重さのせいで、最後は破裂しそうです。ほら、大きな音を立てて破裂しました。

これは、空気の重みが上からかかったせいです。どうしてかは簡単にわかります。大気中にある空気の分子は、ここにある五個の積み木（図28）と同じように、互いの上に積み上がっています。上の四個の積み木は、いちばん下の積み木の上にのっかっているわけで、下の積み木をさっと取ると、上の四つはストンと下に沈みます。

23　原文は一立方フィートの空気の重さは一・二オンスとしている。

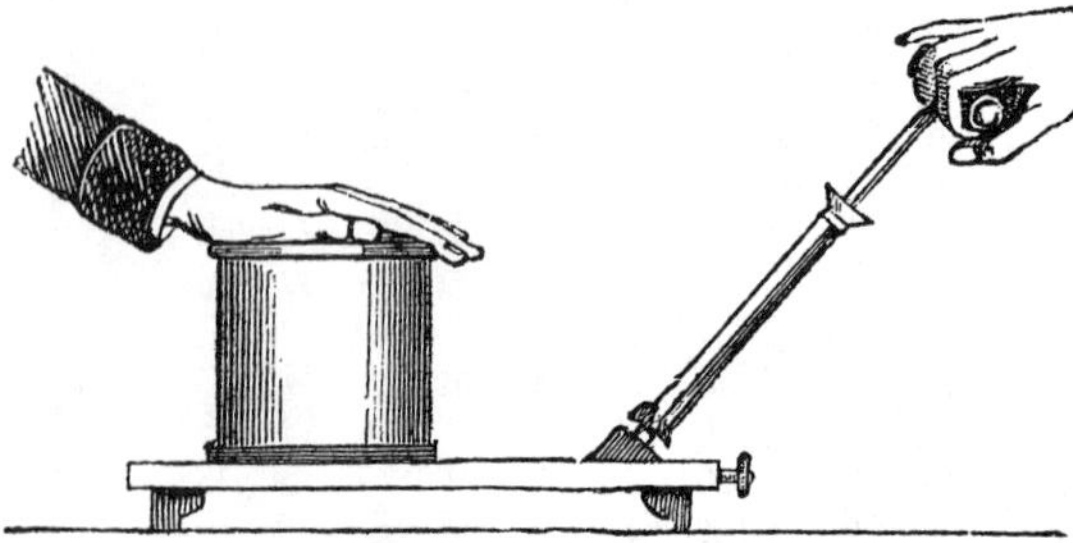

図27　空気の抵抗を量る装置

大気中の空気も同じで、上にある空気は、下のほうにある空気によって支えられているのです。下の空気をポンプで吸い取ると、空気ポンプの排気口に手のひらをあててポンプを引いたときや、ガラス容器の口に薄い膜をはって容器の中の空気を吸い出したときのようなことが起こるのです。

ポンプにつないだガラス容器の口に、今度は薄いゴムをはってみました。このゴムは、ガラス容器の中の空気と、その上の空気の境目になっています。そこでこの容器の中の空気を吸い出すとどうなるか。

どうです、上の空気の圧力がゴムにか

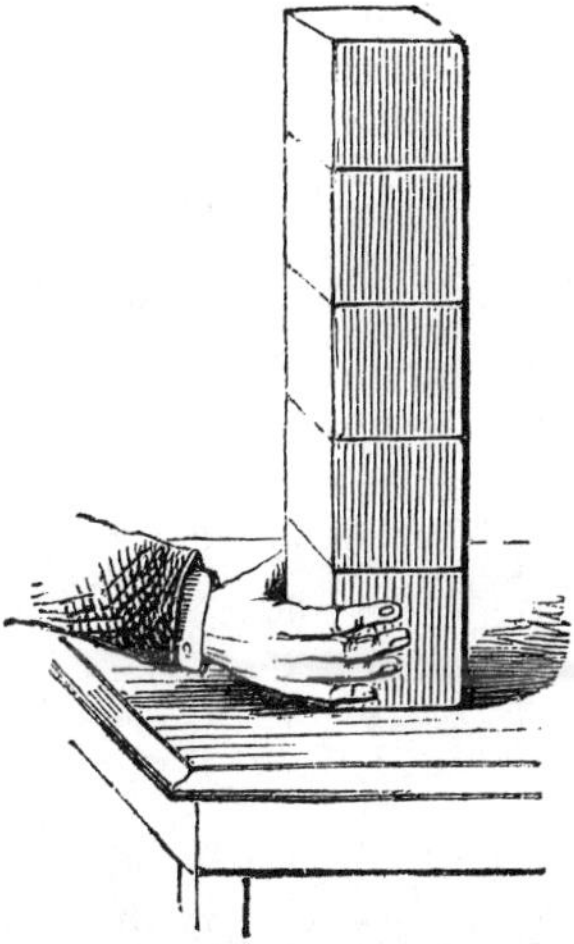

図28　大気の圧力は積み木のようなもの

かっているのがわかりますか。にぎった手を中に入れられるくらいへこみましたね。これも、上の空気の重みによる作用なのです。空気の重みといっても実感できなかったでしょうけど、この実験を見れば一目瞭然《いちもくりょうぜん》ですね。

みんなに実際に体験してもらいたいものがここにあります。今日の講義が終わったら、ぜひ試してください。これは、中が空っぽの二つの半球をピタッとくっつけたもので、片方の半球には、中の空気を抜くためのパイプと栓がついています。二つの半球は、中に空気が残っているときは簡単に引きはがせますが、空気を抜くにつれてだんだんはがしづらくなり、最後はどんなに力を入れてもはがせなくなります。

ぴたりと張りついたこの球の表面には、一平方センチにつき約一キログラムの圧力がかかっているのです。この二つの半球を引きはがそうとするとき、自分が大気の力に勝てるかどうかを試すことになるのです。

さて、ここに取り出したのは、科学の実験用に改造したおもちゃの吸盤です。子供のおもちゃだって科学に使えるのです。科学を応用したおもちゃもあるくらいですからね。これはゴムのついた吸盤です。机の表面にピタリと吸いつきます。なぜ吸いつくのでしょうか。吸盤を滑らせてずらすことはできます。ところが、持ち上げようとすると、机まで持ち上げることになりそうです。取り外すには、机の縁までずらすしかありません。この吸盤をはりつけているのも、上からかかっている大気の圧力なのです。

吸盤がもう一つあります。二つの吸盤を合わせても、ピタリとはりつきます。これにフックがついている吸盤の本来の用途は、ガラスや壁にはりつけて、何かをぶら下げておくことです。このおもちゃの吸盤も、一晩中でもはりついているはずです。

みんなが家でもできる実験も紹介しましょう。大気の圧力をみごとに確かめられる実験です。コップに水が入っています。このコップを逆さにしても水がこぼれないようにするにはどうすればよいでしょう。手で押さえるのはなしですよ。大気の圧力だけを使うのです。

どうです、できますか。ワイングラスでもいいです。そこに水をたくさんか半分ほど入れ、上に平らなカードをかぶせます。それをそのまま逆さにすると、カードと水はどうなるかな。グラスの縁《ふち》で水の毛細管引力がはたらいて空気を遮断するので、カードがはりついた状態になって水はこぼれません。

これで、空気がどういう実体のもちぬしかということをわかってもらえましたか。先ほども言ったように、あそこの大きな箱には一キログラムの空気が入っていて、この部屋には一トン以上の空気があります。空気ってすごいと思い始めていませんか。

空気の圧力を簡単に実感できるおもちゃがあります。鳥の羽軸《うじく》や細い管のようなもので簡単に作れる豆鉄砲がそれです。ジャガイモかリンゴの実を管で豆粒のようにくり抜いて、その玉を豆鉄砲の両端に、すきまがないように詰めます。これで空気が閉じ込められました。もうどうやっても、二つの玉をくっつけることはできません。片方の端から玉を押し込もうとすると中の空気を押すことになり、先端の玉が勢いよく飛び出してしまうからです。

ほらこんなふうに。まるで火薬が破裂したような勢いでしたね。じつは火薬で鉄砲の弾を発射するのも、同じような原理なのです。

先日見た、とてもおもしろい実験がここでも使えそうです。ただしその実験を成功させるには、四、五分ほど、休憩する必要があるかもしれません。実験の成否は私の肺活量にかかっているからです。卵立てに卵が立っています。空気をうまく使うことで、私の息でこの卵を隣の卵立てに移すことができるはずです。失敗したとしたら、それはしゃべりすぎて、息を整えることができなかったせいです。じゃあ、いきますよ。みごと、成功しました！

私が吹き出した息は卵と卵立てのあいだに吹き込まれて卵の下で突風となりました。それが重い卵を持ち上げたのです。家でこの実験をするときは、固くゆでた卵を使うほうがいいですね。そうすれば、卵を割る心配なしに、思い切りできるでしょうから。

空気の重さについて、ずいぶん話してきました。でももう一つ、話しておきたいことがあります。豆鉄砲の実験では、ジャガイモの玉を飛ばすのに、後ろの玉を一センチか二センチ押し込めました。これは、空気に弾力があるからです。銅製の容器に空気の分子を送り込んだときもそうでした。これは空気の弾性というすばらしい特質のおかげです。その好例を見てもらいます。

この薄膜のように、空気をうまく閉じ込められて、しかも伸び縮みできるものがあれば、空気の弾性を見ることができます。この薄膜の袋に空気を入れてガラス容器に入れます。そして容器の空気を抜きます。空気の入った袋に外からかかる圧力を減らしていくと、ほら、袋が膨らんできました。ついに容器いっぱいの大きさになりました。空気の弾性、収縮力と膨張力がとても大きいことがわかりました。自然界の仕組みにおいて空気がはたしている役割と効果の決め手がこれなのです。

ロウソクから出るほかの物質

この講義のもう一つの重要なテーマに話を戻しましょう。ロウソクの燃焼を調べて、いろいろなものが生じたことを覚えていますよね。煤《すす》と水の話はしましたが、それ以外については調べていませんでした。水は集めましたが、それ以外のものは空気中に逃がしていました。今度はそれらについて調べます。

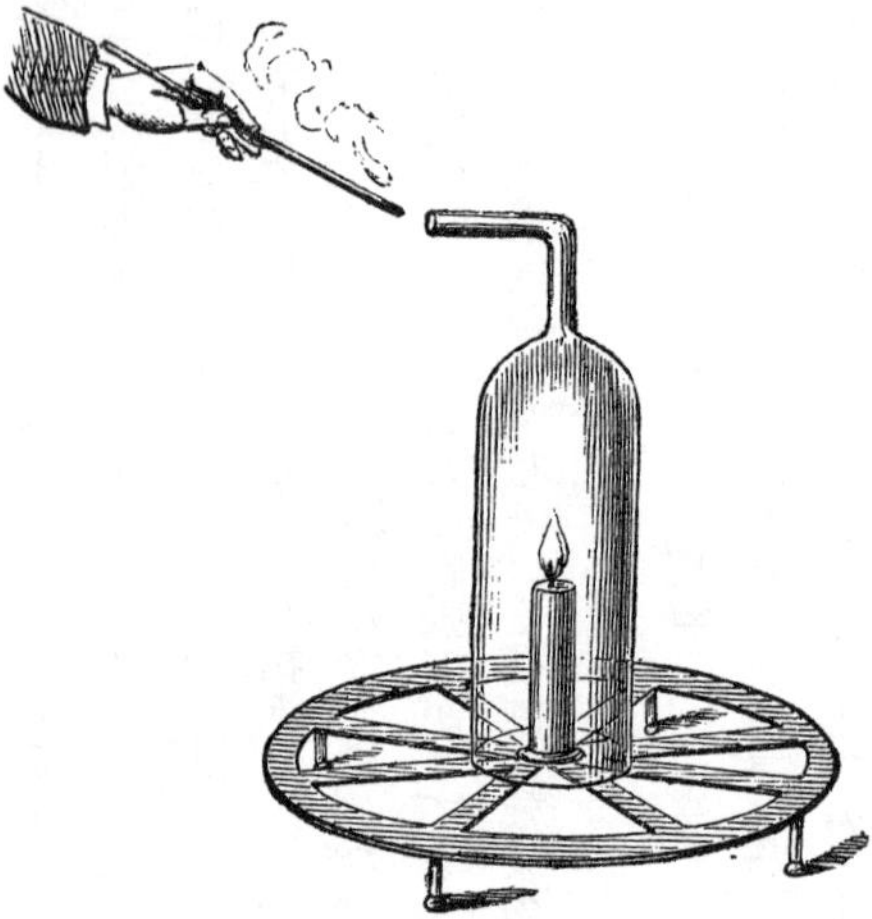

図29　ロウソクの燃焼で出る気体には火を消す性質がある

そのために役立つ実験をします。円盤型の燭台《しょくだい》の上に火のついたロウソクを立てて、その上にガラスの煙突をかぶせます（図29）。底と上部に空気の通路が確保されているので、この状態ならロウソクは燃え続けるはずです。

煙突の内側が曇りましたね。これはロウソクの中の水素と空気が反応してできた水のせいです。それ以外にも、上から何かが出ています。水蒸気ではありません。ガラスの内側に凝集しないものです。じつはとてもおかしな性質をもつ気体です。煙突の上から出てくる空気に火を近づけると、ほら、ほとんど消えそうになります。出てくる空気の流れの中に火を入れるとどうなるでしょう。火が消えてしまいましたね。

あたりまえだと言う人もいるでしょうね。出ているのは、燃焼にはかかわらない窒素なんだから火が消えて当然だと。でも、出ているのは窒素だけなのでしょうか。それ以外に何が出ているかを確かめるためには予測することが必要です。つまり、どういう方法を用いればその正体を突き止められるか、自分の知識を総動員して確かめる必要があります。

そこで取り出したのがこの空きビンです。これを煙突の出口にかぶせます。そうすれば、下のロウソクの燃焼によって出た気体をビンの中に集めることができます。そしてビンの中身は何か、燃焼を妨げるほかにどんな性質をもった空気なのかを調べましょう。

生石灰《せいせっかい》のかけらを用意し、それに水を注ぎます。ただの水です。かき混ぜてから濾紙《ろし》で濾《こ》しますよ。出てきた石灰水は透明ですね。あらかじめたくさんの石灰水が用意してあるのですが、できればみんなの目の前で作ったこの石灰水を使いたいですよね。それが石灰水だとわかるように。

先ほどロウソクの燃焼で出た気体を集めておいたビンに、この無色透明な石灰水を注ぐとどうなるか見てみましょう。どうですか、水が乳白色になりましたね。空気だけではそうならないことも確認しましょう。空気の入っているビンに石灰水を注ぎますよ。空気に含まれている酸素も窒素もそのほかの気体も、石灰水を変化させませんね。無色透明なままです。大量のふつうの空気に大量の石灰水を入れて振り混ぜてみましょう。やはり何も起こりません。ところがビンの中の石灰水とロウソクの燃焼気体が触れ合うようにしてみると、たちまち乳白色になりました。

石灰水を作るために使った生石灰と、私たちが正体を知りたがっている、ロウソクの燃焼で出た何かが結合してできたものがこの白い粉なんです。石灰水が酸素や窒素、あるいは水そのものと反応してできたものではなく、ロウソクとの反応で初めてできたものですね。石灰水とロウソクの燃焼気体からできたこの白い粉を見て、何か思い出しませんか。チョーク[24]の粉に似ていますね。実際に調べてみると、同じものであることがわかります。

そういうわけで、この実験でいろいろなことを観察し、チョークのでき方についていろいろな原因を探れば、ロウソクの燃焼とはどういうものかについての正しい知識を学ぶことになります。

フラスコ状の容器で先端の細い口が白鳥の首のように曲がったこの装置はレトルトというものです。この中にチョークのかけらとほんの少しの水を入れ、火にかけて赤くなるまで熱すると出てくる気体が、じつはロウソクから出てきて火を消した気体とまったく同じものであることがわかるはずなのです。

しかしそんなまだるっこしいことをしなくても、その一般的な性質を確かめるために、この物質を大量に生産する方法があります。この物質は、思いがけないほどいろいろなところでたくさん見つかるものなのです。

石灰岩には必ず、ロウソクから出てくるこの気体が含まれています。炭酸ガス[25]という物質です。チョークにも、貝殻にも、サンゴ礁にも、この奇妙な空気がたくさん含まれています。石灰岩や大理石の中にも封じ込められて固定されていることから、一

24　イングランド南東岸の白亜の崖に代表されるもろい石灰岩の名称。円石藻という藻類の化石でできている。黒板に使用するチョークは石灰の粉末を焼いてから水に溶かして固めたもの。

25　原文はcarbon dioxideではなくcarbonic acidなので、二酸化炭素ではなく炭酸ガスと訳すことにする。

八世紀の偉大な化学者ジョゼフ・ブラック博士[26]はこれを「固定空気」と名づけました。空気の性質は失って固体の状態をとっているからです。

大理石からこの気体を取り出すのは簡単です。このビンには少しの塩酸が入っています。火をつけた細いロウソクを入れても火は消えません。ほらね。ビンの中にあるのはふつうの空気だからです。この塩酸に大理石のかけらを入れます。真っ白できれいな大理石ですね。ブクブクと泡立ちました。出てきたのは水蒸気ではありません。何かの気体が出ているのです。小さなロウソクを入れてみると、火が消えました。燃えているロウソクにかぶせた煙突から出ていた気体のときと同じことが起きました。

こうすれば、炭酸ガスを大量に集めることができるのです。もうビンの中は炭酸ガスでいっぱいになっているはずです。炭酸ガスを含んでいるのは大理石だけではありません。この容器に入っているのはチョークを砕いて水で洗い、硬い粒を取り除いた粉です。白壁用の漆喰《しっくい》として使ったりします。大きな容器にこの粉と水を入れ、硫酸という強力な酸を注ぎます。塩酸を使うと水に溶ける物質ができますが、硫酸では水に溶けにくい物質ができます。ここでは硫酸を使うことにします。

ここでは見やすいように大きな容器を使っていますが、みんなが家でやるときは、もっと小さな容器でもできます。小規模でも、起こる反応は同じですから。さあ、この大きな容器で炭酸ガスを発生させましょう。ロウソクを空気の中で燃やして出てくる気体と同じものです。炭酸ガスを発生させる方法はちがっていても、最後に得られる気体は同じものなのです。

次はこの気体について調べていきましょう。炭酸ガスとはどういう性質をもっているのでしょう。炭酸ガスが充満した容器があるので、いつもの方法を試してみましょう。火のついたロウソクを入れてみると、気体に火がつかないどころか火が消えてしまいましたね。かといって、水に溶けやすいというわけでもありません。水の中からブクブクと出てきた炭酸ガスを集めることができたわけですからね。石灰水と接触すると反応を起こして白くにごることは確かめたとおりです。白くにごるのは、石灰水の成分の水酸化カルシウムと反応して炭酸カルシウムができるからです。

水に溶けにくいと言いましたが、じつは少しは溶けるということも話しておかなけ

26　ジョゼフ・ブラック（一七二八〜一七九九）はスコットランドの化学者。二酸化炭素の発見者として知られる。

ればいけません。その点、炭酸ガスは酸素や水素とはちがいます。炭酸ガスの水溶液を作る装置がこれです。装置の下の部分には大理石と酸、上の部分には冷たい水が入っています。二つの部分のあいだは栓のついた管でつながっていて、下から出てきた炭酸ガスは水が入っている上の部分に送られるようになっています。

装置をスタートさせますよ。気体が水の中をブクブクと上がっていくのが見えますね。前の晩から反応させていたので、炭酸ガスはもう十分に水に溶けているはずです。この水をコップに入れて飲めば、少しすっぱい味がするはずです。炭酸水という炭酸ガスの飽和水だからです。その証拠に、石灰水を少し垂らしたら白くにごったでしょ。

炭酸ガスの性質

炭酸ガスは空気よりも重い、とても重い気体です。炭酸ガスと、これまでに調べた気体のおおよその重さを表にしてみました[27]（表3）。

一リットルの炭酸ガスは一・八六グラム、一立方メートルだと一・四五キログラム、およそ一・五キログラムになります。これが重い気体であることは、実際に実験で確かめられます。その方法はたくさんあります。

表3　気体のおおよその重さ

気体	1リットルの重さ	1立方メートルの重さ
水素	0.085g	0.064kg
酸素	1.35g	1.02kg
窒素	1.18g	0.89kg
空気	1.22g	0.92kg
炭酸ガス	1.86g	1.45kg

炭酸ガスが入っている容器からその中身を空気が入っているコップに注ぎます。とはいっても、見た目には注がれたかどうかわかりませんよね。そこで、ここでも小ロウソクを使います（図30）。

火が消えましたね。炭酸ガスが入っている証拠です。石灰水で試しても、白くにごるはずです。この容器には炭酸ガスが入っています。炭酸ガスの井戸みたいなものですね。いえ、実際に炭酸ガスがたまっている本物の井戸もよくあるんですよ。それで、この「井戸」に小さなバケツを沈めてみます。それを取り出せば、炭酸ガスを汲《く》んだようなものです。ほんとうに炭酸ガスが汲めたかどうかは、や

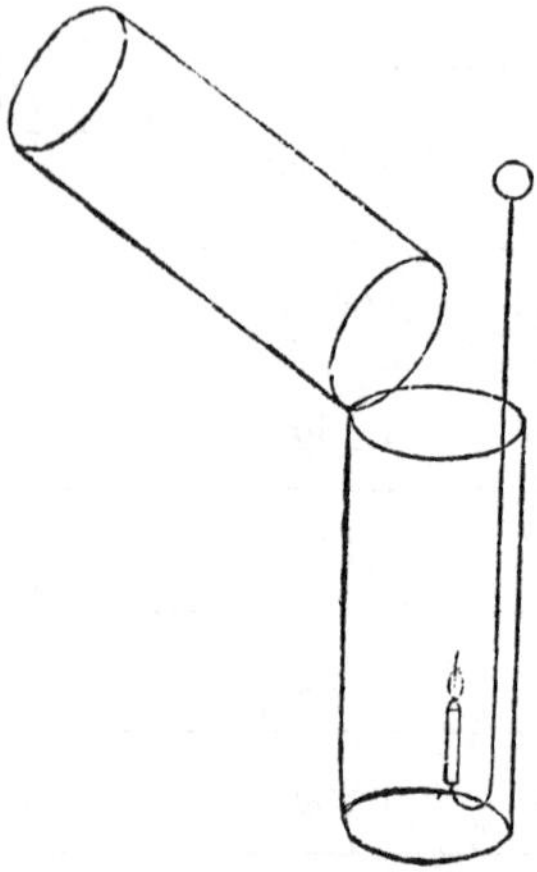

図30　小ロウソクの火が消えることで炭酸ガスの存在がわかる

はりロウソクで確かめられるはずです。ほら、ロウソクが消えました。バケツは炭酸ガスでいっぱいということですね。

炭酸ガスが空気よりも重いことを示す別の実験をしてみましょう。天秤の片側には空気の入ったビンがぶら下がっています。これを分銅と釣り合うようにしておいて、ビンに炭酸ガスを注ぎます。するとほら、ビンの側が下がりました（図31）。ビンの中にロウソクを入れると火が消えました。ビンの底には空気より重い炭酸ガスがたまっているからですね。

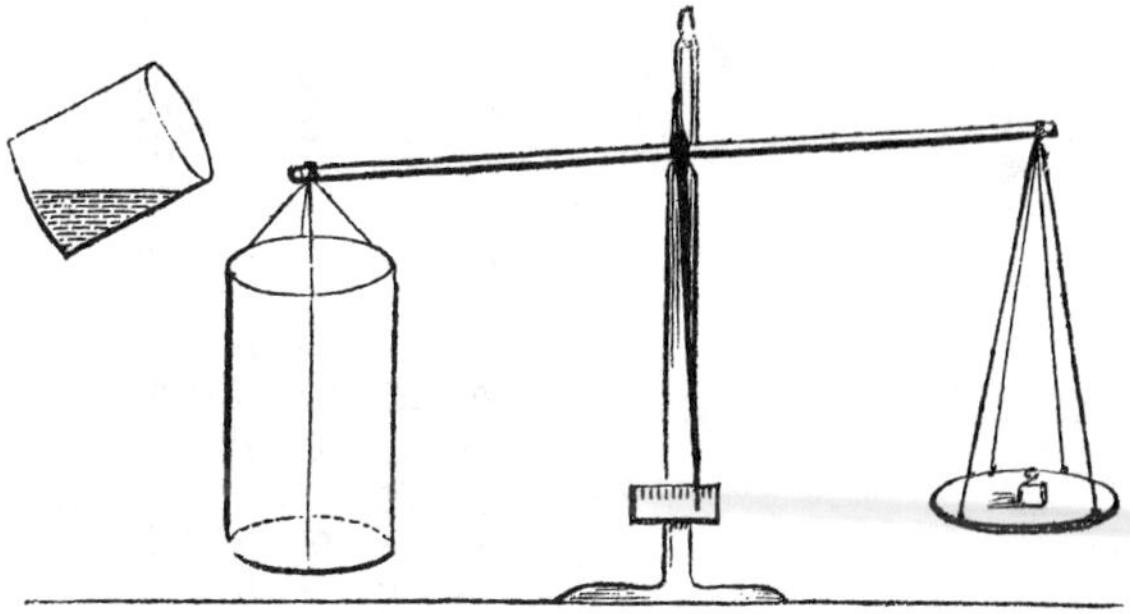

図31　天秤で炭酸ガスの重さを調べる

炭酸ガスが入っている容器にシャボン玉を吹き込むとどうなるでしょうか。容器の中でシャボン玉は浮くはずです。シャボン玉には空気が入っているので、炭酸ガスよりも軽いからです。その前に、炭酸ガスがどれくらいの深さまで入っているかを確かめましょう。用意したのは、空気で膨らませた小さな風船です。この容器のどこまで炭酸ガスが入っているかは、見ただけではわかりません。ここに風船を浮かべることで、炭酸ガスの深さがわかります。炭酸ガスをさらに注ぎますよ。風船が上昇してきましたね。ほぼいっぱいになったようです。

さあ、シャボン玉を吹いてみましょう。見てください、シャボン玉が容器の中に沈んでいって、途中で浮いたまま止まりました。空気よりも炭酸ガスのほうが重いため、風船と同じで、シャボン玉も浮いているのです。

ここまで、炭酸ガスについて、ロウソクが燃えるとできること、その物理的特徴、重さなどについて学んできました。次の講義では、炭酸ガスは何でできているのか、それを構成する元素はどこからきているのかについてお話しします。

27　原文では、一パイントの気体の重さをグレイン、一立方フィートの重さをオンスで表記している。

第六回　呼吸とロウソクの燃焼

この連続講義に参加してくださっている女性が、この和ロウソクを持って来てくれました。重ね重ねありがたいことです。これはおそらく、前にも言ったように、蠟《ろう》の一種で作られたものでしょう。見てわかるように、フランス製のロウソクよりもさらに派手な彩色ですね。おそらく贅沢《ぜいたく》な品なのでしょう。

外見以外にも注目すべき特徴があります。灯芯が中空なのです。あの、アルガンランプと同じ、みごとなくふうです。

東の国からこのような贈り物をもらった人にぜひ知っておいてもらいたいことがあります。こういうロウソクは、使っているうちにしだいに表面が汚れてくすんできます。そんなときは、きれいな布か絹のハンカチで拭いて、ざらざらや筋を磨《みが》いてみてください。たちどころに元の美しさを取り戻しますから。色の鮮やかさもよみがえります。

二本のうちの一本を磨いてみましょう。ほらね、比べてみてください。ぜんぜんちがうでしょ。もう一本も磨けばこうなります。それともう一つ、この和ロウソクも蠟を鋳型《いがた》に流し込んだモールド式のロウソクですが、西洋のモールド式ロウソクよりも形が円錐形ですね。

炭酸ガスの化学

前回の講義では、炭酸ガスの話をずいぶんしました。ロウソクやランプの燃焼で出てくる蒸気を容器に集め、石灰水と混ぜる石灰水テストをやると、白くにごることを確認しました。石灰水の作り方は前に話したのでみんなも作れるでしょ。白くにごったのは、貝殻、サンゴ、多くの岩や鉱物の成分となっている石灰質の物質のせいでしたね。しかし、ロウソクの燃焼で出てきたその物質、炭酸ガスの化学については、あまり説明していませんでした。今日はその話をしましょう。

炭酸ガスはロウソクの燃焼で発生することと、その性質は確認しました。水を構成する元素を調べたように、炭酸ガスを構成する元素がどこから来るのかを調べましょう。そのための実験をします。

ロウソクの燃えが悪いと煙が出ますよね。よく燃えていると、煙は出ません。ロウソクが明るく輝くのは、この煙が燃えるからなのです。それを証明してみます。煙がロウソクの炎の中にあって燃えているあいだは、明るく輝いていて、煤《すす》も出ないことを示す実験です。

とてもよく燃える燃料に火をつけますね。スポンジに浸《し》み込ませたテレピン油がいいでしょう。もくもくと煙が出てきました。じつは、ロウソクが燃えて出てきた炭酸ガスは、こういう煙から出たものなのです。その証拠は、燃えているテレピン油をスポンジごと、酸素がたくさん入っている容器に移してどうなるかを見ればわかります。酸素は空気の主要成分でしたね。どうです、煙が全部消えました。これが第一段階の実験です。

第二段階の実験に入ります。テレピン油が燃えて空気中に出てきた炭素の粒子は、酸素の中で完全に燃えました。この間に合わせの大ざっぱな実験でも、ロウソクの燃焼で得られたのとまったく同じ結論と結果が得られることがわかります。

このような実験をした理由は、実証実験の各段階をなるべく単純にすることで、注意深いみんならきちんと順を追って推論してもらえると思うからです。

酸素や空気の中で燃えた炭素は、すべて炭酸ガスとして出てきます。それに対して、うまく燃えなかった粒子は、炭酸ガスの第二の成分である炭素になります。炭素は、たくさんの空気があるときは炎を明るく輝かせますが、燃焼に必要な酸素が足りないと、そのまま出て来てしまいます。

炭素と酸素が結合して炭酸ガスになるという話を、もう少し詳しく説明しましょう。みんなはすでに理解する準備ができているはずですが、実例となる実験をいくつか準備しました。

このビンには酸素が入っています。こちらの坩堝《るつぼ》には、炭素として、粉にした木炭が入っています。空気中での燃え方を見れば、木炭だとわかるはずです。坩堝に入れたのは、加熱して真っ赤にするためです。ビンの中は乾いた状態にしました。そのせいで実験が不完全になるかもしれませんが、こうしたほうが、実験が見えやすくなるからです。

これから酸素と炭素をいっしょにしますよ。熱せられて真っ赤になった炭素を坩堝からこぼして酸素ビンの中に入れました。燃え方のちがいに注目してください。遠くから見ている人には、炎を上げて燃えているように見えているかもしれません。実際はちがいます。木炭の粉一つひとつが火の粉になって燃えながら、炭酸ガスを発生させているのです。炭素は火の粉になって燃えているのであって、炎になって燃えているのではないことを段階を踏んではっきりさせるための実験をします。

炭素の粒子をたくさん燃やす代わりに、大きめの塊を燃やすことにします。そうすれば、火の形状と大きさがわかりやすくなり、燃焼の結果が追いやすくなるはずです。

酸素を入れたビンと木炭のかけらを用意しました。木炭には、木片をくりつけてあります。この木片に火をつけて、木炭に燃え移らせるためです。木炭に直接火をつけることはできないからです。

どうです、木炭が燃え始めましたね。でも、炎を上げて燃えているわけではありません。少しだけ炎が見えますが、これは木炭の表面近くで一酸化炭素というものが生じているからなのです。それはともかく、木炭が燃え続けることで、木炭の炭素と酸素が反応して炭酸ガスがゆっくりと発生しています。

木の皮から作った木炭も用意しました。これを燃やすと火の粉が飛びます。熱のせいで、炭素の塊が粒子に分解されて飛び散るのです。それでも個々の粒子は、塊のときと同じ、特徴的な燃え方をします。石炭みたいな燃え方で、炎は上がらないのです。ほら、小さな燃焼がたくさん見えるけど、炎は上がっていないでしょ。これは、炭素が火花を出しながら燃える様子を見るのに最適な実験なのです。

さあ、炭素と酸素から炭酸ガスができました。炭酸ガスは燃えるはしからできていきます。ビンで集めて石灰水と混ぜれば、以前やったときと同じ物質ができるはずです。ロウソクを燃やすにしろ、炭の粉を燃やすにしろ、炭素六に対して酸素一六という重さの割合で反応して、重さの割合二二の炭酸ガスができます。そして、炭酸ガスと生石灰は二二対二八の割合で反応して炭酸カルシウムを生じます。

貝殻の構成成分を調べれば、炭素と酸素と生石灰の割合は、貝殻五〇に対して六対一六対二八の割合になっているはずです。いえ、こんな細かいことはどうでもいいのでよしましょう。大切なのは、物事の一般的な原理なのですから。

ほら見てください。酸素入りのビンの中で木炭が静かに燃えて、きれいになくなりつつありますね。木炭が周囲の空気の中に溶けていっているみたいです。これが混じりけのない炭なら、燃えかすは残りません。灰すら出ません。混じりけのない炭というものも、簡単に手に入るんですよ。

炭素の塊は緻密《ちみつ》な固体なので、丸ごと燃えます。熱だけで塊の状態が壊れることはありません。ふつうの状況下では、燃えるはしから気体になってしまい、固体や液体になることはありません。さらに不思議なのは、酸素の体積と、それから生じた炭酸ガスの体積は同じということです。最初にあった酸素と同じ体積の炭酸ガスが生じるのです。

炭酸ガスの一般的な性質をしっかりとわかってもらうために、実験をもう一つ用意しました。炭酸ガスは二酸化炭素とも呼ばれるように、炭素と酸素の化合物ですので、炭素と酸素に分解できるはずです。水を酸素と水素に分解したのと同じことです。そのためのいちばん簡単で早い方法は、酸素を奪う物質を炭酸ガスに作用させて、炭素だけを残すやり方です。

カリウムを水や氷に反応させた実験を覚えていますか。水素から酸素を奪う実験でした。炭酸ガスについても同じようなことをします。ただしその存在を石灰水で調べる実験はしません。水に濡れると、あとの実験がめんどうなので。炭酸ガスは重い気体だということと、炎を消す力があることを確かめれば、それで十分でしょう。炭酸ガスが入っているビンに炎を入れますよ。消えましたね。

リンの燃え方は強力ですが、炭酸ガスで消せるでしょうか。熱したリンのかけらを入れてみます。やはり消えましたね。ところが、空気中に戻すと、ほらどうでしょう、また燃えだしました。燃焼が再開したからです。

次はカリウムのかけらを用意しました。室温でも炭酸ガスと反応しますが、それだとちょっと困ったことがあります。表面がすぐに膜で覆われてしまうのです。でも、リンでもやったように、空気中で発火点まで熱してやると、ほら、炭酸ガスの中でも燃えるはずです。燃えれば酸素を消費しますから、あとに残るのは何でしょう。炭酸ガスの中に酸素があることを証明するために、炭酸ガスの中でカリウムを燃やしてみますよ。

おっと、加熱の段階で爆発してしまいましたね。燃やそうとすると爆発したり爆発しそうになるやっかいなカリウムがたまにあるんです。別のカリウムを加熱してビンの中に入れてみましょう。ほら、炭酸ガスの中でも燃えているでしょ。空気中ほどではありませんが、炭酸ガスが化合物として酸素を含んでいるからです。ともかく燃えているということは、酸素を奪っているということです。

そこでこの燃えたカリウムを水の中に入れると、かなりの量の炭素ができたことがわかります。そのほかに炭酸カリウムという物質もできているのですが、それはここでは考えなくていいです。今はとても大ざっぱな実験をしましたけれど、五分ではなく一日かけてていねいな実験をすれば、カリウムを燃やした場所に、かなりの量の炭が残るはずです。スプーンの中で燃やせばスプーンがいっぱいになるくらいの炭が残って、望みの結果が得られたことになります。炭酸ガスは炭素と酸素でできていることを完全に証明する証拠です。逆に、ふつうの状態で炭素を燃やせば、必ず炭酸ガスが出ます。

木炭は炭素

ここに木片があります。石灰水が入っているビンにこれを入れて、空気と混ぜる感じでよく振るとどうなるでしょう。石灰水は透明なままですね。では、同じビンの空気中で木片を燃やすとどうなるでしょう。そうです、木片の燃焼で水ができるはずですよね。炭酸ガスのほうはどうでしょう。試してみましょう。

白くにごりましたね。炭酸ガスと反応して炭酸カルシウムができたからです。その炭酸ガスのもとは、木片に含まれていた炭素ですよね。ロウソクなどが燃えてできる炭酸ガスの場合も同じです。

じつは、木片の中の炭素を目に見えるようにする、おあつらえむきの実験を、みんなは無意識のうちに何度もしてきたはずなんです。木片をちょっとだけ燃やしたところで火を吹き消すと、炭ができていますよね。それが炭素なんです。

ただし、燃やしても炭素が見えないものもあります。ロウソクの蠟《ろう》がそうです。炭素を含んでいるのに、炭はできません。

ここに取り出したのは石炭ガスが入っている容器です。これを燃やすと大量の炭酸ガスが出ます。でも炭素は目に見えません。容器のノズルの先に火をつけてみましょう。容器に石炭ガスが残っている限り、燃え続けます。炭素は見えませんが、炎は見えますね。明るく輝いているので、炎の中には炭素があると考えられます。それを別の方法で示してみましょう。

こちらの容器には同じ石炭ガスが入っていますが、水素は燃やすけれど炭素は燃やさない物質が混ざっています。中の石炭ガスにロウソクで火をつけますよ。水素は消費されるけれど、炭素は黒い煙としてあとに残ることがわかったはずです。ここまでの実験で、炭素が存在しているのはどういう場合かを調べる方法を学び、気体などが空気中に完全に燃えるときに何が生じるかを理解してもらえたかと思います。

炭素の話を終える前に、もう少しだけ実験をして、通常の燃焼で炭素が示す驚きの性質を確認しておきましょう。炭素が燃えるのは固体のときだけで、燃えると固体ではなくなることを見てきました。こんなふうにふるまう燃料は、ほとんど炭素だけです。貴重な燃料のうち、固体として燃えて姿を消すのは、石炭、木炭、木材といった炭素系の燃料だけなのです。炭素以外で、そういう燃え方をする元素はないと思います。鉄のように、燃えたあとに固形物が残るような燃料だったらどうなると思いますか。暖炉で燃やすなんてことはできなくなりますよね。

このガラス管に入っている粉状の物質もよく燃えます。炭素ほどではありませんが、まあよく燃えます。それどころか、空気中で勝手に発火します。管の口を開けると、ほら燃えだしました。これは特殊な処理をした鉛の粉末です。よく燃えていますね。細かく砕かれているので、ちょうど暖炉に放り込んだ石炭の山のように、粉末の表面にまで空気が行き渡るので燃えるのです。ところが、これを鉄板の上に出して盛り上げると、燃え方が悪くなりましたね。どうしてでしょう。

理由は単純です。空気が行き渡らなくなったからです。炉やボイラーに必要なほどの熱を出すのですが、燃えてできたものがそのまま残ってしまいます。そのせいで、その下にある、まだ燃えていない燃料に空気が届かなくなってしまい、燃え方が弱くなるのです。炭素とは大ちがいですね。

炭素の場合も鉛の粉末と同じようによく燃えて、炉などの中で炎を上げて燃えます。ところが燃えてできるのは炭酸ガスなので、そのまま逃げていきます。あとに残っている炭素の燃焼のじゃまにはなりません。炭素の燃え方は、まるで酸素に溶けてしまうみたいでしたよね。あとには灰も残りません。

それに対して、見てわかるように鉛の粉末のほうは、燃えカスのほうが多いくらいです。燃焼によって結合した酸素の分だけ重くなっているからです。

炭素の燃え方と、鉛や鉄の燃え方とのちがいがわかりましたか。もし、光源や熱源の燃料として鉄を選ぶとしたら、その結果はものすごいことになるでしょうね。それと同じで、炭素を燃やすと固形物が生じるとしたら、リンを燃やしたときのように、この部屋には煙が充満してしまうことでしょう。

しかし実際にはありがたいことに、炭素が燃えてできたものはすべて大気中に出ていってしまいます。燃える前の炭素は固体の状態のままですが、燃えると気体になります。気体になった炭素を固体や液体に変える実験もしましたが、ふつうはとても難しいのです。

呼吸と燃焼

さてここから、燃焼というテーマの中でとても興味深い点に話を進めることにします。ロウソクの燃焼と、私たちの体の中で起こっている、生きるための過程としての燃焼との関係です。誰の体の中でも、ロウソクの燃焼とよく似た生命現象が起こっているのです。なるべくわかりやすく説明するつもりなので、ついてきてください。人の命をロウソクの火にたとえるのは、まんざらおかしくもないのです。

この板には溝が掘ってあって、その上には蓋《ふた》がかぶせてあります。溝の両端の部分だけ開いているトンネルになっており、そこに両端が開いているガラス管が立ててあります。U字型のトンネルになった状態ですね。

一方のガラス管の中に火をつけたロウソクを立てます。よく燃えていますね（図32）。もう一方のガラス管の上部から入った空気がトンネルを通ってロウソクに流れているので、ロウソクがよく燃えているのです。空気の入り口を閉じれば、ロウソクは消え

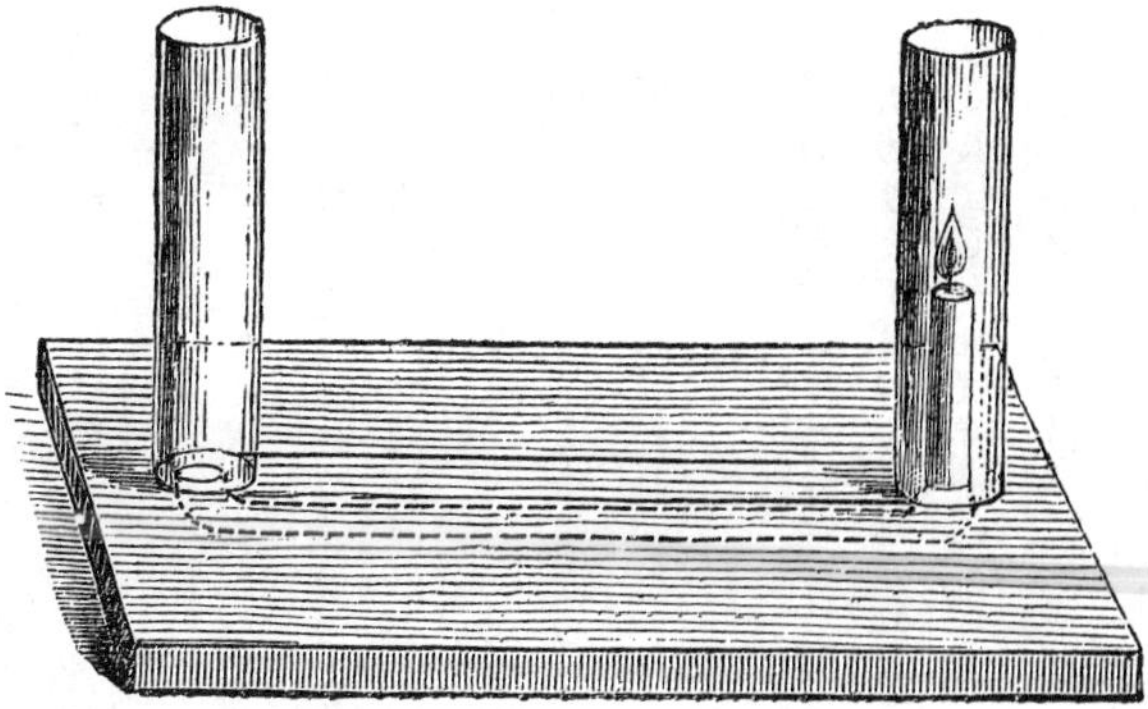

図32　人が吐いた息には火を消す性質がある

ます。空気が流れなくなったせいですね。

五回目の講義で試した実験を覚えていますか。ロウソクが燃えて出た気体で別のロウソクの火を消した実験です（図29［134頁］）。燃えているロウソクから出ている気体の流れを巧妙な装置を介してこのトンネルに導いたとしたら、こちらで燃えているロウソクの火を消せるはずです。

では、私が吐いた息でもこのロウソクの火を消すことができると言ったら、どう思いますか。吹き消すという意味ではありませんよ。

私の息には、ロウソクの火を消す性質があるという意味です。ロウソクが立っていない側のガラス管に口をつけて、火を吹き消さないようにしつつ、私の吐く息だけが入るようにしてみましょう。

結果を見ましたか。火を吹き消したわけではありません。吐いた息をそっと送り込んだだけです。その結果、火が消えましたね。酸素が足りなくなったからです。それ以外の理由は考えられません。ほかならない私の肺が、空気から酸素を奪い去ってしまったのです。そのせいで、ロウソクの燃焼に必要な酸素の供給がストップしたわけです。私が送り込んだ汚《よご》れた空気がロウソクに届くまでの時間を見てみましょうか。最初は燃えていますよね。それがはい、吐いた空気が、たぶん届いたとたん、火が消えました。

続いて、呼吸と燃焼の関係を確かめるうえで重要な実験をします。底が抜けている大きなビンがあります。中が新鮮な空気で満たされていることは、ロウソクかガス灯に火をつけて入れてみれば確かめられるはずです。管を通したコルク栓で蓋をします。その管を口でくわえて息を吹き込むためのしかけです。そしてこのビンを、水を張った水槽に入れますよ。コルク栓がしっかり閉まっていれば、管から中の空気を肺に

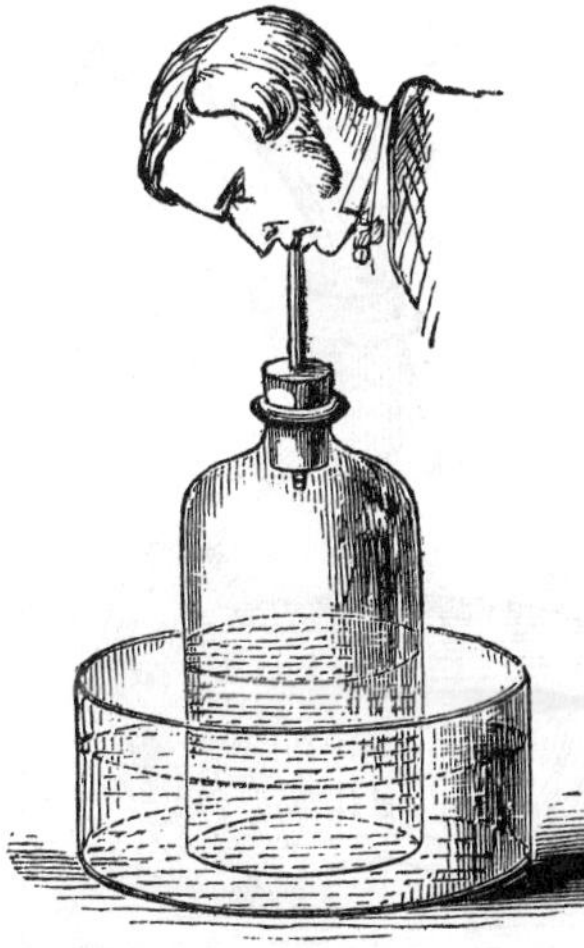

図33　吹き込んだ息には酸素がないことを調べる実験

吸って、息を中に戻すことができます（図33）。

では試してみましょう。まず最初に空気を吸い込み、それから戻します。ビンの中の水の上がり下がりで確認できましたよね。火をつけたロウソクをビンに入れるとほら、火が消えました。つまり酸素がなくなっていたということです。たった一回、息を吸い込んでから吐いただけで、空気を汚してしまいました。もう一回吸おうとしてもダメです。

換気の悪い部屋は健康によくないと言われている理由がこれでわ

図34　炭酸ガスの存在を調べる装置

かりますね。換気が悪い造りのせいで新鮮な空気が入らないため、同じ空気を何度も吸うことになるからです。たった一回の呼吸でも空気が汚れることを見たわけですから、新鮮な空気の大切さが実感できたと思います。

この点をもう少し確認するために、石灰水を使うことにしましょう。この丸いガラス容器の中には石灰水が入っています。コルクの栓には二本のガラス管が差し込んであります（図34）。短いほうのA管は石灰水に浸《つ》かっていません。長いほうのB管の先は石灰水まで届いています。A管を吸うと、B管から入って石灰水の中をくぐり抜けた空気を肺に吸い込むことになります。B管から息を吐くと、肺を通った空気が石灰水の中に吹き込まれることになるので、呼気に対する石灰水の作用を確かめることになります。

それではまず、A管を吸い込んでみましょう。石灰水の中を通した外の空気を肺にいくら吸い込んでも、石灰水には何の変化も起きませんね。次は、B管から息を吹き込んでみます。ほら、続けて何回かやっただけで、石灰水が白くにごりました。呼気の影響が表れたわけです。

石灰水を白くにごらせるのは何でしたっけ。そう、炭酸ガスでした。これで、呼吸によって汚した空気は、炭酸ガスで汚されているらしいということがわかりましたか。

今度は二つのガラス容器を用意しました（図35）。両方の容器に石灰水が入っています。それぞれ口が二つずつあって、管が差し込まれています。左の容器に差し込まれた長い管の先は石灰水の中まで届いています。水まで届いていない短い管のほうは、右のガラス容器中の石灰水の中まで届く長い管とつながっていて、それにはさらに吸い口がついています。右の容器に単独で差し込まれた短い管は、石灰水までは届いていません。なんだかややこしい装置ですが、実験の目的には間に合います。

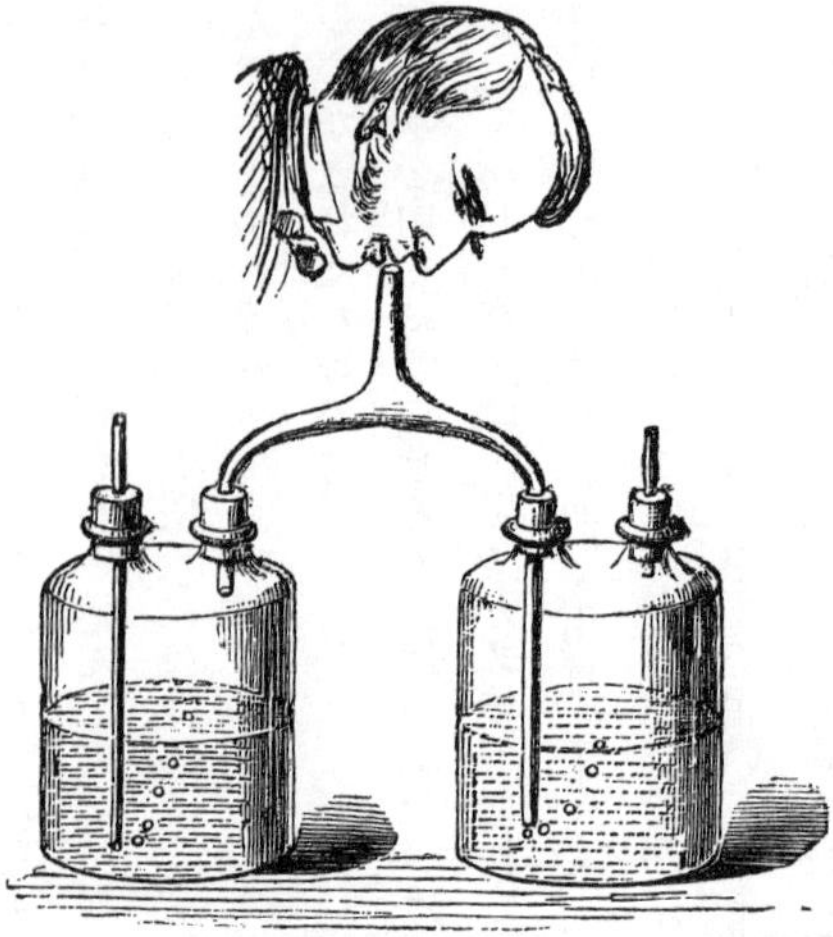

図35　吐いた息には炭酸ガスがあることを調べる実験

この吸い口を吸うと、石灰水の中をくぐった外の空気を肺に吸い込むことになります。息を吐くと、呼気が石灰水の中をくぐることになります。さあ、息を吸ったり吐いたりするとどうなるでしょう。

汚れていない外の空気に触れた石灰水は透明なままですね。それに対して、呼気だけに触れた右の石灰水はどうでしょう。ちがいは歴然ですね。

もう少し考えてみましょう。私たちは、昼も夜も無意識に呼吸しています。寝ているあいだも、呼吸器とそれに関係した部分は活動を続けています。これは天の配剤ですね。少しくらいなら息を止めることもできますが、いつまでも息をしないと死んでしまいます。肺が空気と接することが、生きていくうえでぜったいに必要なことなのです。

これはどういう過程なのか、できるだけ簡略に説明します。私たちは食事をします。食べたものは、体内の消化管を通って消化器に運ばれてそこで吸収されます。吸収されたものの一部は血液となり、血管を通して肺に運ばれます。その一方で、息を吸ったり吐いたりすることで、空気が気管を通して肺に運ばれ、そこでとても薄い膜を隔てて血液と出合います。この過程で血液に空気が作用し、ロウソクの燃焼の場合と同じような結果をもたらすのです。

ロウソクの燃焼では、ロウソクの中の炭素が空気の中の酸素と結合し、炭酸ガスを生じると同時に熱を発生します。肺の中でも、これと同じような驚くべきことが起こっています。肺の中に入ってきた空気が、炭素と結合して炭酸ガスを生じるのです。ただしこの場合の炭素は、遊離した状態ではないのですが、酸素とすぐに反応できる状態になっています。生じた炭酸ガスはそのまま大気中に出されます。つまり遠回りですが、食べ物が燃料として作用するのです。どうです、おもしろいでしょ。

糖の燃焼と炭酸ガスの排出

この角砂糖を使って説明しましょう。砂糖つまり糖は、炭素と水素と酸素の化合物です。ロウソクと成分が似ていますが、成分の割合はちがいます。糖の成分比は表4のとおりです。

この表を見て、何か思い出しませんか。水素と酸素の割合が、水の成分比とまったく同じなんです。ということは、糖の成分は、炭素七二に対して水が九九であるという言い方もできるわけです。呼吸で空気の中の酸素と結合するのは糖の中の炭素です。つまり、呼吸をしている私たちは燃えているロウソクのようなものなのです。この単純にしてすばらしい反応のおかげで、体温を保てたり、いろいろな生命システムを維持しているのです。

砂糖でもっとすごい反応を試せます。実験が早く進むように、砂糖の代わりに、たくさんの砂糖を水に溶かしたシロップを使います。シロップに濃硫酸を少しだけ垂らすと、硫酸には水分を奪う性質があるので、あとには炭素の真っ黒な塊が残ります。ほらね。

表4　糖の成分比

炭素	72	
水素	11	99
酸素	88	

こうやれば炭素を取り出せます。まもなく、炭の塊ができるはずです。すべて、砂糖から出てきたものです。砂糖は食べ物ですよね。思いもかけず、そこから炭の塊が得られました。この砂糖の炭素を酸化させると、もっと驚くようなことが起こります。

ここに砂糖と酸化剤があります。酸化剤は、酸素よりも速く酸化作用が進みます。燃料である砂糖を呼吸とはちがう方法で酸化しても、起きることは同じです。呼吸は、体の中で炭素が酸素と接触して燃える現象だからです。砂糖に酸化剤を加えると、燃焼が起こるのがわかります。肺の中で、空気中の酸素を取り入れて起こっていることが、今、目の前でもっと速いスピードで進行しているのです。

炭素のこの特殊なはたらきでどういうことが起こっているかを知ったら、みんなびっくりすると思います。ロウソクは四時間とか五時間、六時間、七時間も燃え続けます。そうすると、炭酸ガスとしてどれくらいの量の炭素が毎日大気中に放出されていると思いますか。一人の呼吸で放出される炭素の量はどうでしょう。燃焼や呼吸によって、ずいぶんな量の炭素が炭酸ガスに変換されているはずです。

計算では、人一人につき、二四時間におよそ二〇〇グラムもの炭素を炭酸ガスとして放出しているのです[28]。呼吸だけで、乳牛一頭はおよそ二キログラム、馬は二・二キログラムの炭素を放出しています。言い換えると、馬は体温を保つためにその呼吸器官において二四時間で二・二キログラムの炭を燃やしていることになります。それ以外の恒温動物もみな、遊離した炭素ではありませんが、化合物状態の炭素を呼吸で燃やすことで体温を一定に保っているのです。

そう考えると、大気中ではとんでもない量の炭素の変換が起こっていることになります。ロンドンの人口はおよそ二七四万人ですから、二四時間に、なんと五四八トンあまりの炭酸ガスが呼吸によって生産されているのです。そうやって放出された炭酸ガスはどこに行くのでしょう。空気中ですよね。もし炭素の燃焼が、鉛や鉄の燃焼のように固形物を生じるとしたらどんなことになるか。燃焼が続くということはないでしょうね。

炭は燃えると気体になって大気中に拡散します。大気は気体をどこかよその場所に運んでくれる巨大な運搬機械です。では、どこかに運ばれた炭酸ガスはどうなるのでしょう。じつはすごいことに、呼吸による炭酸ガスの生産は、私たちの呼吸には役立たないし、むしろ有害ですが、命の元なのです。地球を覆っている植物の命を支えているからです。地球上で広大な面積を占めている海や湖の中でも同じことが起こっています。魚などの水生動物も、空気を吸っているわけではありませんが、同じ原理の呼吸をしているからです。

この金魚鉢の中で泳いでいる金魚も、空気から水に溶けている酸素で呼吸して、炭酸ガスを出しています。それが巡り巡って、動物界と植物界は、持ちつ持たれつの関係を築いているのです。

ここに植物も用意しておきましたが、生い茂っているすべての植物が炭素を吸収し

28　原文はオンス表記。

ています。植物は葉から大気中の炭素を取り込んで成長し、繁茂しています。その炭素は、私たちが炭酸ガスのかたちで用意したものなのです。植物は、炭酸ガスを含まない空気の中では生育できません。植物は炭素やほかの物質を得なければ、元気に生育できないのです。

この木片の中の炭素も、すべて大気から得たものです。樹木も草もみんなそうしているのです。大気が炭酸ガスを運んでいます。炭酸ガスは、私たちにとっては有害ですが、植物にとっては有益です。同じものでも、毒にもなれば薬にもなるというわけです。地球上の生きものはみな、互いに依存し合っています。この自然は、どこかで誰かの役に立っている法則でしっかりと結ばれているのです。

結論

最後にもう一つ、言っておきたいことがあります。それは、これまでの実験全体にかかわることで、酸素、水素、炭素など、さまざまな異なる状態で私たちを取り巻いている物質の結びつき方は、まったくみごとでものすごくおもしろいということです。もう一度、鉛の粉末の自然発火を見てみましょう。空気にさらしたとたん、まだガラス管の中なのに、空気が入り込んだ瞬間に爆発しましたね。これは、すべての化学反応を進行させる化学親和力の一例です。私たちの呼吸でも、体内で同じ親和力がはたらいています。ロウソクの燃焼でも、異なるものどうしをひきつけ合う力がはたらいているのです。

鉛の粉末でも同じで、化学親和力がはたらいている目を見張るような例です。これでもし、燃焼の産物が表面から舞い上がれば、鉛に火がつき、最後まで燃えるはずです。しかし、炭と鉛はちがいますよね。鉛は空気に触れたとたんに反応を開始しますが、炭素は、空気に触れただけでは、何日でも、何週間でも、何カ月でも、何年でもそのままです。

古代ローマの時代にヴェスヴィオ火山の噴火で破壊されたイタリアの古代都市ヘルクラネウムで見つかった古文書がその証拠です。パピルス紙は変色していましたが、そこに炭素系のインクで書かれていた一部の文字は、一八〇〇年かそれ以上のあいだ、さまざまな状況下に置かれていたにもかかわらず、はっきりと読みとることができました。

この点で、炭素は鉛や鉄とどこがちがうのでしょう。燃料となる物質が反応の時を待っているって、びっくりしますよね。実験台がいっぱいになってしまいそうなので用意しませんでしたが、鉛のほかにもすぐに火がつく物質はたくさんあります。ところが炭素は勝手に燃えだしたりはせずに、その時を待っているのです。鉄も細かい鉄粉にすると、鉛と同じようにすぐに燃えだします。ところがここにある古い和ロウソクのように、ロウソクがたちまち燃えだすということはありません。それどころか、何年でも何世代でも変化しないままです。

石炭ガスはどうでしょう。この装置の栓を開けるとガスが噴き出します。でも火はつきませんね。空中に噴き出すだけで、そのままでは燃えだしません。十分に加熱すれば火がつきますが、吹き消せば、再び点火されるまで噴き出し続けるだけです。

物質によって、そのまま火がつかなかったり、少し温度が上がるまで火がつかなかったり、だいぶ温度が上がらないと火がつかなかったりするというのも不思議な話ですね。

黒色火薬や綿火薬だとどうでしょう。火薬とはいえ、この二つも、燃える条件は異なります。黒色火薬は炭素と、ものすごく燃えやすくするための物質でできています。綿火薬にも、燃えやすくするためのくふうがしてあります。どちらもそのままでは燃えない点は同じですが、燃えだす温度や条件は異なります。熱した針金を触れさせることで、どちらが燃えやすいか見てみましょう。綿火薬には火がついて燃え尽きましたね。でも、黒色火薬のほうは、針金のいちばん熱い部分をあてても、火がつきませんでした。

同じ熱に対する反応でも物質によってこんなにちがうということがよくわかりますね。物体が熱に反応するまで燃えずに待っている物質もあれば、ひとときも待たない物質もあるのです。

呼吸がそうですね。呼吸の場合は、肺に空気が入るとすぐに、酸素と炭素が結合します。凍える寸前の低い体温でも、酸素と炭素はすぐに反応し、炭酸ガスになります。つまり、すべてが適切に進行するのです。これで、呼吸は燃焼のようなものだというたとえがいかにぴったりかが、さらによくわかったのではないでしょうか。

さて、ついに連続講義も終わりです。最後に言いたいのは、みんなのような若い世代は、まさにロウソクのような存在だということです。ロウソクのように、まわりの人たちを照らせるのです。ぜひとも、同胞への義務を果たすにあたっては有益で誇らしい行ないを心がけることで、ロウソクの輝きを証明してください。

解説——いまこそ、ファラデー

渡辺政隆

マイケル・ファラデー（一七九一〜一八六七）の『ロウソクの科学』ほど、長く読み継がれてきた一般向け科学書はないかもしれない。原著の出版は一八六一年で、英語版はそれ以後途切れたことがない。最初の日本語訳は一九三三年に出版された矢島祐利訳の岩波文庫版である。その後、紙媒体としてはこれまでに六種類の翻訳が出ている。そのなかでは、二〇一〇年に出版された竹内敬人訳の岩波文庫版がいちばん新しい。原著は、これまでに日本語を含めて一八カ国語に翻訳されている。

その原著は、ファラデーが本拠地としていたロイヤル・インスティチューションにて、一八六〇年の年末から翌年初めにかけてのクリスマス（年末年始）休暇に六回シリーズで行ったクリスマス・レクチャーを書籍化したものである。以下、その経緯とファラデーの足跡を紹介しておこう。

ロイヤル・インスティチューション

王立研究所とも呼ばれるロイヤル・インスティチューション（ＲＩ）は、一七九九年に設立された民間の機関である。一八〇〇年に「国王認可」の法人として認められたことから、「ロイヤル」の名を冠している。主としてパトロンからの大口寄付によって設立し、会員を募ってその会費で運営する組織だった。拠点としては、ロンドン屈指の高級な地区メイフェアの大邸宅が改修された。設立趣旨は、「講義と実演を通じて一般人に新しい技術を紹介し科学を教示する」となっていた。パトロンの多くが大地主や製造業者だったことから、農産業振興のための研究開発役が期待されていたが、当初の実態は紳士淑女が集う科学クラブだった。そのため、談話室と図書室と講義を楽しむための講堂の充実が重視された。

設立直後に仮講堂が設けられたが、解剖教室を模し、一〇〇〇人近く収容可能な半円形の階段教室状の本講堂が一八〇一年二月に完成した。その後何度かの補修・改修を経たが全体設計はそのまま踏襲されており、現在はそこにマゼンタ色の座席四〇〇席が設置されている。

ＲＩには教授職が設置され、所員とその家族は所内に居住し、講義と実験にあたった。建物の地下にはそのための実験室も設置された。一八〇四年には実験室の設備が充実され、専任の実験助手も雇われた。

初代教授は医師で科学にも造詣《ぞうけい》の深いトーマス・ガーネット（一七六六～一八〇二）が指名され、その講義も好評を博したが、上層部との軋轢《あつれき》で、一年余りで辞任した。後任の教授は公開講義に専心する意欲がなく、二年ほどで辞任した。

ＲＩの名声を確固たるものとしたのは、三代目の教授ハンフリー・デイヴィ（一七七八～一八二九）だった。デイヴィは、イギリス南西端に位置するコーンウォール地方の港町ペンザンスで木彫り職人の子として生まれた。一七歳にして外科医院の医師・薬剤師見習いとなったデイヴィは、紳士が備えるべき教養を独学で身につける決意をした。なかでも特に化学に魅せられ、さまざまな実験を試みた。笑気ガスと呼ばれていた一酸化二窒素の実験では、体に有害との通説に反し、無害であるどころか、空気で薄めて吸引すると陽気な気分になることを、動物と自分自身を用いた実験で確認した。

デイヴィは、一七九八年、二〇歳のときに、ブリストルの気体治療施設の助手として働くようになった。そこではさまざまな気体を製造すると同時にその化学的な性質を自由に研究することができた。ヴォルタ電池を利用した電気分解の研究もその一つだった。一八〇〇年には『化学と物理の研究――主に一酸化二窒素ガスとその吸引について』と題した本を出版し、笑気ガス（一酸化二窒素）には鎮痛作用があり、軽度の外科手術に応用可能だと発表した。

気体治療施設には詩人のサミュエル・テイラー・コールリッジやロバート・サウジーといった文人も患者として訪れており、デイヴィの詩才と文才を評価し、交友を結んだ。その一方で、電気分解や気体に関する研究がＲＩ首脳陣の目に止まり、デイヴィは一八〇一年にガーネットの後任としてＲＩの所長に採用され、公開講義をまかされることになった。第一回目の講義「科学の新分野――ガルヴァーニ電気（The New Branch of Philosophy : Galvanism）」は大好評を博し、前途洋々の門出となった。

ちなみに講義のタイトルにはphilosophyという語が使われているが、これはいわゆる「哲学」という意味ではなく、natural philosophy（自然哲学）すなわち今で言う「科学」を指す言葉である。

じつはファラデーも『ロウソクの科学』の中で自分のことや聴衆である科学者の卵たちのことをフィロソファーphilosopherと呼んでいる。「科学者」を意味するscientist

という言葉が提唱されたのは一八三四年のことだった。philosophyないしnatural philosophyに代わって科学を意味するサイエンスscienceがその意味で一般的に使用されるようになったのもその頃のことだ。

それまで科学は紳士淑女の趣味・教養の一部だったのだが、科学が大衆にも広がり始めた機運を受けて、一八三一年には英国科学振興協会（現在は英国科学協会と改名）が設立されていた。この協会は毎年年会を開き、科学を愛好する人々が集って科学を論じ合うようになった。その当時、科学を実践する人については、自然哲学者のほかに「科学の人man of science」というやぼったい呼び方もあった。そこで哲学者のウィリアム・ヒューウェル（一七九四〜一八六六）が、メアリー・サマヴィル（一七八〇〜一八七二）が書いた物理学の啓蒙書 *On the Connexion of the Physical Sciences* の書評の中でサイエンティスト（scientist）という語を提案し、一八三四年の英国科学振興協会年会で大々的に提唱したのだ。ただし、科学の研究は社会への奉仕であるとして営利を追求する職業としての科学研究を否定していたファラデーは、最後まで自分をサイエンティストとは呼ばなかった（本書では「フィロソファー」の訳は「科学者」で通している）。

話を戻そう。化学者デイヴィは、公開講義や委託研究などのＲＩの業務を忙しくこなす傍らで、ナトリウム、カリウム、カルシウム、マグネシウム、ホウ素、バリウム、ストロンチウムという七つの元素を電気分解によって発見するという業績を残した。また、化合物とされていた塩素は元素であることを示す実験を行い、その名称も提唱した。

ファラデーと化学との出会い

一方のマイケル・ファラデーは、一七九一年九月二二日に、国会議事堂ビッグ・ベンとはテムズ川をはさんだ対岸にある地区で貧しい鍛冶職人の息子として生を受けた。一八〇四年に一三歳で、ボンド・ストリート駅の北六〇〇メートルほどのブランフォード通りにあったリーボー書店に小僧さん（使い走り）として雇われ、その翌年から製本工房の徒弟となった。当時の書店はソフトカバーの本を販売し、客の注文に応じてハードカバーに製本するのが一般的だった。そのための製本工房を併設しており、ファラデーは製本を依頼された本を片っ端から読破していった。店主のリーボーも、寛大にそれを許容していたという。

ファラデーは、店にあったブリタニカ百科事典を手に取り、「電気」の項目に興味をひかれた。そして、ジェーン・マーセット著『化学をめぐる対話』（一八〇六）との運命の出会いをすることになる。

ジェーン・マーセット（一七六九〜一八五八）の旧姓はハルディマンドで、ロンドン在住の裕福なスイス系銀行家の娘として生まれた。家庭で兄弟たちと共にその家柄にふさわしい教育を受け、エディンバラ大学を卒業したスイス系の医師アレグザンダー・マーセットと一七九九年に結婚した。アレグザンダーは薬学の基礎である化学にも造詣が深く、医学校で化学を教えてもいた。夫妻は自宅で化学実験を楽しむと同時に、ロンドンの知的サークルの一員となり、前述のメアリー・サマヴィルとも親交があった。そして、ＲＩの公開講義にも足を運んでいた。

ジェーンはデイヴィの講義を楽しみ、疑問点は夫に質問することで解消した。そうした夫婦の会話をヒントに書き起こしたのが、『化学をめぐる対話』だった。体裁は、女性教師ミセスＢがエミリーとキャロラインという姉妹に問答形式で化学を教えるスタイルとなっている。エミリーの年齢設定は一三歳で、キャロラインはその少し下。エミリーは飲み込みがよいのに対し、キャロラインは質問魔の役割を演じつつストーリーは展開する。

ジェーンは本のまえがきで、自分は女性であり、同書は一般向けの科学の入門書だが、特に女性を主たる読者として想定していると書いている。挿絵も自身で描いた。ただし、著者名は明記されないまま出版された。全二巻で総ページ数が六〇〇ページを超える大部であるにもかかわらず、同書は出版と同時に大評判となり、ベストセラーとなって一六版を重ねた。著者はそのたびに内容を改訂し、一八三二年に出版した第一二版で初めてタイトルページに著者名が明記された。同書はアメリカでも少なくとも一六版を重ね、正規の女子教育が始まると、女学校の教科書に採用された。また、フランス語とドイツ語にも翻訳された。

ファラデーは一八〇九年に出版された『化学をめぐる対話』を購入した顧客の製本を担当した。おそらく夢中で読みふけったことだろう。彼は、そこで紹介されていたヴォルタ電池を自作したほか、他の実験も試してみた。店主のリーボーは、住居の暖炉を実験用の炉として使用することを許可した。リーボーは、ファラデーに目をかけ、父親のように見守っていたのである。

すっかり化学実験の虜《とりこ》になったファラデーは、ジョン・テイタム（一七七二～一八五八）が自宅で主催している科学講座の存在を知ることになる。テイタムの生業は銀器製造だったが、月曜の夜に物理学の講義を行っていたのだ。ファラデーは兄から一回一シリングのチケット代を援助してもらい、一八一〇年からその講座に通うようになった。テイタムは、講座参加者のさらなる学習意欲を満たすためのシティ・フィロソフィカル・ソサエティ（シティ自然哲学協会）を結成し、毎週水曜日の晩に会合を開いてもいた。

ファラデーはまた、牧師で讃美歌「もろびとこぞりて」の作詞者として知られるアイザック・ワッツ（一六七四～一七四八）が書いた『知性の向上』（一七四一）を読み、すっかり感化された。それは「宗教、科学、暮らしにおける有用な知識の獲得とコミュニケーションに関する諸々の注意と規則」という副題が示すように、独学の心得を説いた書だった。特に、手紙のやり取りが知性を向上させるという教えを実行すべく、一八一二年から一八一七年まで五二通の手紙を、テイタムの講座で知り合った二歳年下のベンジャミン・アボット（一七九三～一八七〇）に書き送ることになった。出会った当時のアボットは、ロンドンの金融街で働く事務員で、後にファラデーの後援も得て学校を創立することになる。

一八一二年には、ファラデーにとって決定的な出会いもあった。同年四月に、リーボー書店の顧客の音楽教師でRI会員でもあったウィリアム・ダンス（一七五五〜一八四〇）の誘いで、デイヴィの四連続公開講義に出席できたのだ。講義に出席したファラデーは熱心にノートを取った。しかしそれは、結果的にデイヴィがRIで行った最後の公開講演となった。その直前にナイト爵を授けられたデイヴィは、その直後に裕福な寡婦と結婚し社交生活に時間をとられるようになり、一八一三年三月をもって化学教授の職を辞したからである。ただし所長の地位には、一八二五年にファラデーに譲るまで就いていた。

一方のファラデーは、リーボー書店での見習い期間が一八一二年一〇月七日に明けたものの、そのまま製本職人として働くしかなかった。それでも科学の道に進みたいとの思いは募るばかりだ。そこでファラデーは意を決し、デイヴィの講義ノートを清書のうえ製本し、手紙を添えてデイヴィに送ることにした。しかし面会はできたものの、紹介できる職はないので、製本業で身を立てることを考えたほうがよいという忠告を受けるだけに終わった。

ところが思いがけない幸運が訪れる。その年の暮れ、寝床に就こうとしていたファラデーの元に、デイヴィからの使者がやってきた。翌朝、RIに出頭するようにというのだ。面会したデイヴィは、RIの実験助手の席に空きができたが、まだ科学の職に就く気持ちはあるかと問うた。ファラデーに二言のあるはずもなかった。晴れてファラデーは、一八一三年三月、RIの実験助手となった。

その四月、デイヴィの後任の化学教授としてウィリアム・ブランド（一七八八〜一八六六）が着任した。ブランドは薬剤師から化学の研究に進み、医学生相手に化学の講座を開いていた。RIでは週に三回、朝九時からその講座を継続した。ファラデーの実質的に最初の仕事は、その講座で行う実験の準備だった。それでもファラデーは水を得た魚のごとく働き、いずれ自分も講義を行う日を夢見て、アボットへの手紙に自ら考えた講演の心得を書き記した。

ところがファラデーの人生にはさらなる驚きが待っていた。デイヴィが、一八一三年一〇月から夫人同伴で欧州歴訪の旅に出るというのだ。ついては、ファラデーに個人的な実験助手として同行してほしいというではないか。デイヴィは、訪れる先々でも研究を続けるつもりでいたのである。片やファラデーは、それまでロンドンから遠出をしたことがなく、高い山も海も見たことがなかった。ファラデーはRI実験助手の職を辞してデイヴィに随行することにした。ファラデーにとってこれは、デイヴィから個人教授を受ける格好の機会となった。

欧州グランドツアーを終えた一行は、一八一五年四月末にロンドンに戻った。ファラデーはＲＩの実験助手に復職し、デイヴィも実験室での研究を再開した。帰国後最初の成果は、炭鉱爆発の予防となる安全灯の発明だった。本書でもデービー灯として紹介されているこのランプは、炎を目の細かい金網で覆ったもので、ファラデーの助力を得て帰国後一カ月で完成した。

科学者ファラデーの活躍

人気講師でもあったデイヴィの長期にわたる不在により、ＲＩは経済的に苦しい状況にあった。主要な財源は公開講義のチケット収入だったからである。その一方で、実験室に寄せられる農業や工業のさまざまな問題に関するコンサルタント業も主要な業務だった。当時、科学では社会に奉仕するという務めも重要視されていて、ＲＩの実験室はそのための施設でもあったのだ。

ファラデーは、ブランド教授が続けていた朝の講座用の実験準備をする傍ら、外部から依頼されたさまざまな分析実験も担当することで、化学者として独り立ちしていった。また、シティ・フィロソフィカル・ソサエティにも復帰し、その会合の席で講師を務め、自らの講演術に磨きをかけた。

ファラデーは、一八二一年にサラ・バーナードと結婚した。ファラデー家は、祖父の代からキリスト教の小さな宗派であるサンデマン派の献身的な信徒で、サラもサンデマン派の信徒だった。サンデマン派は聖書を字義通りに信じ、特別な儀式を否定していた。ファラデーは、科学の研究と自身の信仰心を区別していた。研究分野は化学と物理学であったため、それでも矛盾は生じていなかったからである。同時代人だったダーウィンの進化理論は否定していたが、そのことを声高に述べることはなかった。ただし『ロウソクの科学』の中でも、少なくとも一箇所で創造主の力に言及している。

サンデマン派は、金銭欲や名誉欲を否定していたため、ファラデーも、ロイヤル・ソサエティ（王立協会）会長やナイト爵などの世俗的な栄誉は固辞した。特別な報酬も辞退することが多く、特許も取得しなかった。実験助手に採用されて以降、一八五八年にヴィクトリア女王からハンプトン・コート御苑内の住居（後にファラデー・ハウスと呼ばれた）を貸与されるまで、ＲＩの建物の上階にあてがわれた部屋を住居としていた。とはいえ地下の実験室に籠もる時間のほうが多く、妻のサラや、晩年に同居していた姪が実験室に降りてきて実験するファラデーを見守ることも多かったと言われている。

結婚した一八二一年には、RI所長代行（実質的な所長）に任命された。所長の上には貴族が務める名義上の総裁職があり、運営管理は理事会と事務長が執り行っていたものの、所長はRIの顔だった（役職名は歴史的な変遷を繰り返しており、現在、所長職は廃止されている）。そして研究面では、電気が流れる電線の周りで磁石を回転させたり、磁石の周りで電線を回転させることに成功し、それを電磁回転と名付けた。今で言うモーターである。電気エネルギーを運動エネルギーに変えることに世界で初めて成功したのだ。これによりファラデーの研究分野は物理学にまで広がった。

一八二三年には塩素の液化に成功した。ファラデーはその他にも二酸化炭素、二酸化硫黄、アンモニアなどの気体の液化に成功しており、気体と液体が同じ物質であることを証明した。一八二五年のベンゼンの発見は、ジョン・テイタムの物理学講座のチケット代を援助してくれた兄の依頼が元となった。その兄は、ガス灯用の石炭ガスをボンベに詰めて配達する事業に関係していた。使用済みのガスボンベには常に少量の液体が残ることから、その分析を弟に依頼した。それが、ベンゼンの発見につながったのだ。

天文学者で科学哲学者でもあったジョン・ハーシェル（一七九二〜一八七一）らは、ロイヤル・ソサエティの援助を得て、光学用の高性能ガラスの開発をファラデーに委託した。そこでファラデーは、砲兵隊軍曹だったチャールズ・アンダーソン（一七九〇〜一八六六）を一八二七年に実験助手に採用した。アンダーソンの忠実な働きぶりが気に入ったファラデーは、一八三〇年にロイヤル・ソサエティの委託研究が終わった後も自費で雇い続け、一八三二年に正式な研究所実験助手として雇用した。ファラデーはいっさい弟子を採ることはなく、すべての研究はアンダーソンの助けを借りながら一人でこなし続けた。『ロウソクの科学』に登場するアンダーソンがその人である。アンダーソンは亡くなるまでファラデーに仕えた。

その後ファラデーは、一八三一年に「電磁誘導」を発見した。鉄の輪に二本のコイルを離して巻きつけておき、一方のコイルに電流を流すと磁気が発生するが、もう一方のコイルには何の反応もなかった。そこで流す電流のスイッチを入れたり切ったりしたところ、もう一方のコイルに電流が発生することを発見したのだ。磁気で電流を発生させることに成功したのである。しかもその誘導によって流れる電流の向きは、スイッチを入れたときと切ったときでは逆向きであることを確認した。これは人為的に交流を作り出したことになる。そしてその数カ月後、今度は磁石をコイルに近づけたり遠ざけたりすると、その速さに比例して検流計の針のふれが変わることも発見した。また、磁力線という概念と用語も提唱した。その後もファラデーは、一八三三年の電気分解の法則、一八四五年の反磁性現象とファラデー効果の発見と、科学史に残る重要な業績を上げた。

一八三三年にはフラー化学教授職に就いた。国会議員のジョン・フラーが、研究所の講義でよく眠れたお礼として年一〇〇ポンドを寄付し、初代教授にファラデーが就任したのだ。そのおかげで、ファラデーは外部からの委託仕事を引き受けなくても、電気の研究に集中できるようになった。研究所がファラデーに支払っていた給与は決して高くなかったのである。

ただし一八三六年には、全国の灯台を管理する機関トリニティ・ハウスの科学顧問は引き受けた。灯台で使用する適切な光源や灯台内の換気に関する試験などが期待されていた。ファラデーは五〇種類以上に及ぶ光源を提案し、さまざまな気象条件下でのテストを行った。七〇歳を過ぎてもなお、灯台の明かりの様子を見るために雪をかき分けて灯台に足を運ぶことまでした。

クリスマス・レクチャー

ファラデーは一八二四年にロイヤル・ソサエティの会員に選出された。ロイヤル・ソサエティは一六六〇年に設立された団体で、現在はイギリスの科学アカデミーに当たるが、設立当初は貴族・紳士階級の知的なクラブだった。一八二〇～二七年はデイヴィが会長を務めており、二三年にファラデーが会員に推挙された際には、デイヴィの反対で実現しなかった。塩素の液化実験や電磁回転の研究にはデイヴィも手を染めていたことから、デイヴィは科学者としてのファラデーの成功を妬ましく思っていたと言われている。

一八二四年という年は、ファラデーがＲＩでの講義を開始した年でもあった。その講義はたちまち人気を博した。そしてその翌年の二五年、ＲＩの正式な所長に就任したファラデーは、新事業を開始した。金曜の夜九時から開始する「金曜講話 Friday Evening Discourses」と、クリスマスシーズンに実施する「青少年レクチャー Juvenile

Lectures」を開始したのだ。後者の対象は、当初は一五～二〇歳を想定していたが、その後しだいに対象年齢を下げることになった。その呼称も、その後「クリスマス・レクチャー Christmas Lecture」が定着した（以後、本稿でもこちらの呼称を用いる）。

第一回のクリスマス・レクチャーはＲＩの力学教授ジョン・ミリントン（一七七九～一八六八）、第二回は天文学者のジョン・ウォリス（一七八七?～一八五二）が担当した。ファラデーの登場は第三回からで、それ以後一八六〇年の最後の登壇まで、都合一九回のレクチャーを担当した。そのうち、「ロウソクの科学」と題したレクチャーを一八四八年と一八六〇年の二回行っている。また、一八五一年から一八六〇年までは毎年連続でクリスマス・レクチャーを担当した。講師ファラデーの人気の高さがうかがわれる。一八五九年のレクチャーは、「物質が及ぼすさまざまな力とそれらの関係」というテーマで実施され、一二月二七日の回には、ヴィクトリア女王の夫君が長男（当時一八歳）と次男（当時一五歳）を伴って聴講し、週刊新聞「イラストレイテッド・ロンドン・ニューズ」はその光景を描いた石板画を掲載した。

小説家でジャーナリストでもあったチャールズ・ディケンズ（一八一二～七〇）は、一八五〇年三月に週刊誌「ハウスホールド・ワーズ」を創刊した。そして一八五〇年五月にファラデーに手紙を送り、一八四八／四九年のクリスマス・レクチャー「ロウソクの科学」と、五〇年四月から実施中だった「家庭の化学について」と題した六回シリーズの午後の連続講義の要約記事を掲載させてほしいと依頼した。ファラデーはその申し出を歓迎し、講義ノートの借用依頼にも快く応じた。後者の連続講義は、「ティーケトル（湯沸かし）の謎」と題されて掲載された。

そうやってファラデーの実験を中心にしたレクチャーの人気が高まるにつれ、その全容を活字にして出版したいという申し入れが複数の出版社からあったのだが、ファラデーは許可しなかった。雑誌への要約記事の掲載ならまだしも、たくさんの実験を盛り込んだレクチャーの完全な活字化は不可能と考えていたからだ。

その一方でファラデーは、一八五〇年代にロンドンで流行り出していた心霊主義に強い懸念を抱いていた。降霊会でテーブルが動き出すことなどを電気や磁気と関連付ける意見もあり、ファラデーのもとにはそれについての意見を求める声が多数寄せられていたという。そこで実際に降霊会に参加してみたファラデーの意見は、テーブルが動くのは参加者の不随運動によるものであり、電気や磁気とは関係ないというものだった。しかし一八五三年にその見解を表明しても、心霊現象の実在を信じる声はいっこうに静まらなかった。この経験から、今で言う科学リテラシーの必要性を痛感したファラデーは、RIを舞台にした科学教育にますます力を入れるようになった。

ファラデーは、参加した降霊会で若い化学者と出会った。後にタリウムを発見し、真空放電管であるクルックス管も発明したウイリアム・クルックス（一八三二〜一九一九）である（皮肉なことにクルックスは後に心霊研究を開始し、いくら反証しようとしても反証できなかったことから、心霊現象はインチキではなく事実であるとの立場をとるようになる）。

父親の遺産を相続したクルックスは、一八五六年からロンドンに自前の研究室を構え、好きな研究を開始していた。その一方で、一八五九年の一二月に科学週間誌「ケミカル・ニューズ」を創刊した。そしてファラデーを口説き落とし、五九／六〇年にファラデーが実施するクリスマス・レクチャー「物質が及ぼすさまざまな力とそれらの関係」に記者を派遣して講義録を雑誌に載録する同意を取り付けた。その記事は、「ケミカル・ニューズ」誌に四号にわたって掲載された。さらには、その連載を一冊にまとめた単行本が『物質の力 The Forces of Matter』という書名で出版された。出版に際してファラデーは、書籍化に自分は関与していないことを前書きに明記することを条件として課した。同書の序文は、クルックスの依頼で、化学者のチャールズ・ハンソン・グレヴィル・ウィリアムズ（一八二九～一九一〇）がW．C．というイニシャルで執筆した（イニシャルがなぜC．W．ではないのかは不明）。

六〇／六一年のレクチャーでは、一八四八年に実施した「ロウソクの科学」の再演が予定されていた。それがお気に入りのテーマだったこともあるが、初めてのテーマをゼロから準備する労力を省くためでもあった。齢六九歳を迎えていたファラデーが講師役を引き受けた背景には、一八四八年から事務長としてRIの運営を支えていてくれたジョン・バーロー（一七九八～一八六九）が、健康上の理由から引退したばかりだったこともあった。それまでもファラデーは、バーローに無理を言って引退を思いとどまらせていたのだ。バーローがいなくては、急な予定変更の穴埋めもままならない。それでも講演実施の最終決定は、一一月初めまでずれ込んだ。

講演決定の報を受けたクルックスは、前年に続いて今回もファラデーのクリスマス・レクチャーを記事にした上で書籍化したいという依頼の手紙を一一月半ばに送った。『物質の力』の出来栄えに不服のなかったファラデーは、この依頼にも同意した。ただし、体力と記憶力の衰えを自覚していたため、満足のいく講演ができるかどうか心もとないという不安を漏らしつつ。

　ファラデーには、講義のために新しいノートを用意する余力はなかったが、一八四八年の講義用ノートに、一八五四年の「燃焼の化学」用ノートと前年の講義ノートの一部を追加することで、講義に備えた。今もＲＩに保管されているそのノートには、実験によってついたと思われる焦げ跡が残っている。そしてもちろん、子供たちを前にした実演では、老ファラデーも老いを感じさせない熱演をしたはずである。

　その甲斐もあり、六回シリーズのクリスマス・レクチャー「ロウソクの科学」は大盛況だった。各回ごとに七二〇名、六七一名、六六四名、七四〇名、六五八名もの聴衆が詰めかけたのだ。クルックスは講義の速記録を素早く原稿にし、六回に分けて「ケミカル・ニューズ」誌に掲載した。その原稿はアメリカの週刊誌「サイエンティフィック・アメリカン」（一八四五年に創刊された世界最初の一般向け科学雑誌。一九二一年から月刊誌となり、今も発行されている。「日経サイエンス」はその日本版）にも載録されることになり、六一年二月から四月まで、九週連続で全文掲載された。

　書籍は六一年三月に出版された。ページ数を（二割弱ほど）増すために、ファラデーが金曜講話で行った講義「白金について」も併せて収録されていた。この初版本は、現在、世界中の図書館を合わせても二十数冊しか残っていないと言われている。

クルックスは、今回も序文をチャールズ・ウィリアムズに依頼していた。ただし序文の署名はやはりW．C．というイニシャルのみのため、後に混乱を招くことになった。その後別の出版社から出版された版では、この序文の署名はイニシャルではなく、書籍化の編集にあたったウィリアム・クルックスの名前に書き換えられたものもあり、竹内敬人訳の岩波文庫版の解説でも、ウィリアム・クルックスが書いたとの説を採っている。しかし、その解説を書くにあたって竹内氏が問い合わせた、当時のRIの科学史教授で現在はユニヴァーシティ・カレッジ・ロンドンの教授フランク・ジェイムズは、その後も調査を重ね、この序文の筆者は、やはりチャールズ・ウィリアムズであるとの結論に至っている（James, F., 2011）。

アメリカでは、同じ年の八月に、「物質の力」も収録するかたちで赤い表紙で出版された。この出版に対して、南北戦争開戦間もないアメリカでは本国イギリス以上に絶賛の嵐が湧き起こった。

一八五八年に女王からハンプトン・コート御苑内に住居を貸与されたファラデーは、

夏のあいだはそこで過ごすようになった。そして六一年には研究所から完全に移り住み、一日の多くを居間の椅子に座って過ごすことがしだいに多くなっていった。一八六七年八月二五日に静かに息を引き取ったときも、その椅子に座っていたという。

参照文献

島尾永康『ファラデー　王立研究所と孤独な科学者』岩波書店、二〇〇〇。
マイケル・ファラデー『ロウソクの科学』矢島祐利訳、岩波文庫、一九三三。
マイケル・ファラデー『ロウソクの科学』三石巖訳、角川文庫、一九六二。
マイケル・ファラデー『ロウソクの科学』竹内敬人訳、岩波文庫、二〇一〇。
Brigden, J., "Faraday and the Christmas Lectures : The Chemical History of a Candle," Online noticeboard of Homerton College Library, 2018.
Brande, R. H., "William Thomas," *Dictionary of National Biography*, 1885 – 1900, Volume 06.
Caroe, G., *The Royal Institution An Informal History*, John Murray, 1985.

James, F., "Introduction," in M. Faraday, *The Chemical History of a Candle : Sesquicentenary Edition*, Oxford Univ Press, 2011.

James, F. ed., *Christmas at the Royal Institution*, World Scientific, 2007.

James, F., "The tales of Benjamin Abbott : A Source for the Early Life of Michael Faraday,"*British Journal for the History of Science*, 1992, 25, 229 – 40.

Percival, L. and C. Dickens. "The Mysteries of the Tea-Kettle. "Household Words (16 November 1850) : 176 – 181.

Wood, M. E. "Mrs. Chemistry, "Science History Institute, 2010, https://www.sciencehistory.org/distillations/mrs-chemistry

マイケル・ファラデー年譜

一七九一年
ロンドン近郊で生まれる。（九月二二日） 　　　　　　

一七九九年 　　　　　　八歳
ロイヤル・インスティチューション（ＲＩ）設立。

一八〇一年 　　　　　一〇歳
ハンフリー・デイヴィがＲＩの所長就任。（～一八二五年）

一八〇二年 　　　　　一一歳
ハンフリー・デイヴィ、化学教授就任。（～一八一二年、一八一三～一八二三年は名誉教授）

一八〇四年 　　　　　一三歳
リーボー書店の使い走りになる。

一八〇五年 　　　　　一四歳
同書店の製本工見習いとなる。

一八〇九年 　　　　　一八歳
ジェーン・マーセットの『化学をめぐる対話』と出会う。

一八一二年 　　　　　二一歳
ＲＩでデイヴィの講義を聴く。（四月）

一八一三年 　　　　　二二歳
ＲＩの実験助手となる。（三月）

同助手を辞し、デイヴィの助手として大陸旅行に同行する。（一〇月）

一八一五年　二四歳
RI実験助手に復職。（〜一八二六年）

一八二一年　三〇歳
サラ・バーナードと結婚。
電磁回転を発見。
RI所長代行就任。

一八二四年　三三歳
ロイヤル・ソサエティ会員に選出される。

一八二五年　三四歳
ベンゼンを分離発見。
RI所長就任。（〜一八六七年）

一八二六年　三五歳
金曜講話とクリスマス・レクチャーを開始。

一八二七年　三六歳
チャールズ・アンダーソンを実験助手に採用。

一八二九年　三八歳
ハンフリー・デイヴィ死去。
海軍省の科学顧問に就任。

一八三〇年　三九歳
陸軍士官学校の化学教授に就任。（〜一八五一年）

一八三一年　四〇歳
電磁誘導を発見。
英国科学振興協会（BAAS）の設立。

一八三三年　四二歳
電気分解の法則を発見。
寄付講座フラー化学教授職就任。（〜

一八六七年）

一八三四年　四三歳
ＢＡＡＳ年会で科学者（サイエンティスト scientist）という語が提唱される。

一八三五年　四四歳
政府からの終身年金支給が決定。

一八三六年　四五歳
灯台管理機関トリニティ・ハウスの科学顧問に就任。（〜一八六五年）

一八四五年　五四歳
反磁性現象とファラデー効果を発見。

一八五八年　六七歳
ヴィクトリア女王からハンプトン・コート御苑内に住居（ファラデー・ハウス）を貸与される。

一八六〇−六一年　六九歳
クリスマス・レクチャーで「ロウソクの科学」を講義。（最終講義となる）

一八六七年　七五歳
自宅にて死去。（八月二五日）

訳者あとがき

ご存じのように、マイケル・ファラデー（一七九一〜一八六七）の『ロウソクの科学』（一八六一）は名著の誉れ高く、この本を読んで科学者を志したという人も多い。

最近では、二〇一六年にノーベル生理学・医学賞を受賞した大隅良典さんと二〇一九年にノーベル化学賞を受賞した吉野彰さんのお二人が、子供時代に影響を受けた本として名をあげたことで話題になった。また、ファラデーが実演した実験を写真入りで再現して解説した尾嶋好美編訳・白川英樹監修の『「ロウソクの科学」が教えてくれること』（サイエンス・アイ新書）も売れ行きが好調と聞いている。ユーチューブで検索すれば、ファラデーの実験を再現した内外の動画が数多く見つかる。現代においても、すぐれた実験講座として人気を博しているのだ。

いうまでもなくファラデーは一九世紀ヴィクトリア朝の人である。科学的な観点では、ロウソクの燃焼から大気の組成にまで話が広がる内容に大きな修正は不要だが、いかんせん、原文の語り口はいかにも古色蒼然としている。既刊の翻訳も、時代がかった口調に引きずられ気味である。むしろそのことにこそ味わいも意味もあるという意見もあるとは思うが、現代の少年少女はもとより大人にとっても、いささかとっつきにくいのではなかろうかと、かねてより感じていた。そこで今回、古典新訳文庫のモットー「いま、息をしている言葉で、もういちど古典を」の精神にかなう新訳を試みたしだいである。

本書の原題は*The Chemical History of a Candle*である。そのまま訳せば「ロウソクの化学的来歴」となるが、『ロウソクの科学』の書名がすっかり定着しており、しかも書名としてけだし名訳でもあるので、この伝統に喜んで従うことにした。またファラデーの名の表記も、原音に近いファラデイではなくファラデーが定着しているので、こちらを踏襲した。

ファラデーの経歴とその活躍の舞台だったロイヤル・インスティチューション（RI）については「解説」で説明したとおりである。RIでは、ファラデーが開始した金曜講話とクリスマス・レクチャーが現在も続けられているほか、それ以外にも一般向けの講演会や実演ショーなどが精力的に実施されている。

解説でも書いたが、本書は、当時六九歳のマイケル・ファラデーが一八六〇年の年末から翌年初めのクリスマス（年末年始）休暇に六回シリーズ（六〇年に二回、六一年に四回）で実施した、彼としては最後のクリスマス・レクチャーの書籍化である。

公開実験講座においてファラデーは、言葉による説明よりも実験の実演に重きを置いていた。したがって、活字によって忠実に再現することは不可能だと、ファラデー自身信じていた。しかし、書籍化の編集を担ったウィリアム・クルックスが実験器具を挿絵に起こすなどの工夫を凝らしたことでファラデーの信任を得て、この名著が世に残ることになった。翻訳にあたっては、老いを感じさせずに実験を披露するファラデーの息遣いをできるだけ感じ取れるような文体を意識したつもりである。

解説を書くにあたり、ファラデーの足跡を調べ直したが、じつに興味深い人物であることを改めて知った。本屋の製本職人として本を読みまくった独学の人であることは知っていたが、それ以上に、いうなれば一期一会の機会を逃さず努力と研鑽を積んだ人だったようだ。その背景には、サンデマン派というきわめてマイナーなキリスト教原理主義の教えを忠実に守り、栄誉栄達を望まない献身的な生活を送っていたことも関係しているのだろう。

人との出会いということで一つだけ、興味深いエピソードを紹介しておこう。ファラデーは、一八六〇年にオックスフォード大学自然史博物館で開催された科学振興協会の年会に参加した。それは、一八三四年の年会では科学者を意味するサイエンティストという新造語が提案されたり、一八四一年の年会では恐竜を意味するダイナソーという新造語が発表された由緒ある大会である。一八六〇年の年会は、ダーウィンの『種の起源』が出版された翌年ということもあり、進化をめぐる劇的なやりとりがあったことで記憶されている。ただし信仰ゆえに進化論から距離を置いていたファラデーは、その論戦には立ち会わなかったと思われる。その代わりというべきか、オックスフォード大学の数学者チャールズ・ドジソン（一八三二〜九八）と知己を得た。その名にし負う『不思議の国のアリス』の作者ルイス・キャロルその人である。その縁で、カメラ好きだったドジソンが撮影したファラデーの肖像写真が残されている。また、一八六一年には、「ロウソクの科学」の講義内容を紹介した記事を見たドジソンが、ファラデーに「毛細管力」に関して質問した手紙も残されている。社交にはいっさい興味を示さなかったファラデーだが、当時の科学界での知的交流のありようを窺わせる逸話として興味深い。

原著出版から一六〇年以上を経た名著だけに、原文はネット上でも閲覧できる。また、後に出版された版では、イラストが描き変えられたものもある。しかし翻訳にあたっては原著を尊重すべく、原著出版一五〇周年を記念して二〇一一年にオックスフォード大学出版局から復刊されたFrank A. J. L. James ed., *The Chemical History of a Candle: Sesquicentenary Edition*, Oxford Univ Press,（2011）を参照し、初版のイラストを載録した。なお、原著にはクルックスによる一九の註が付されているが、本文を読む上ではさしたる参考にならないうえに時代的にも古い内容なので、本書では割愛した。

いつもお世話になっている古典新訳文庫編集長の中町俊伸さんが、じつは化学実験少年で危ない実験をやらかしていたことを知ったのも発見だった。そういえばチャールズ・ダーウィン少年も化学実験少年で、子供時代に旧友から付けられたあだ名は「ガス」だった。

できうれば、本書がみなさんの飽くなき学びの「炎を絶やすな（Alere flammam）」の一助にならんことを。

渡辺　政隆

kobunsha classics
光文社古典新訳文庫

ロウソクの科学《かがく》

著者 ファラデー
訳者 渡辺《わたなべ》 政隆《まさたか》

2022年9月20日 初版第1刷発行

発行者 三宅貴久
印刷 新藤慶昌堂
製本 ナショナル製本

発行所 株式会社光文社
〒112-8011東京都文京区音羽1-16-6
電話 03(5395)8162(編集部)
03(5395)8116(書籍販売部)
03(5395)8125(業務部)
www.kobunsha.com

ISBN978-4-334-75468-6 Printed in Japan

いま、息をしている言葉で、もういちど古典を

長い年月をかけて世界中で読み継がれてきたのが古典です。奥の深い味わいある作品ばかりがそろっており、この「古典の森」に分け入ることは人生のもっとも大きな喜びであることに異論のある人はいないはずです。しかしながら、こんなに豊饒で魅力に満ちた古典を、なぜわたしたちはこれほどまで疎んじてきたのでしょうか。

ひとつには古臭い教養主義からの逃走だったのかもしれません。真面目に文学や思想を論じることは、ある種の権威化であるという思いから、その呪縛から逃れるために、教養そのものを否定しすぎてしまったのではないでしょうか。

いま、時代は大きな転換期を迎えています。まれに見るスピードで歴史が動いていくのを多くの人々が実感していると思います。

こんな時わたしたちを支え、導いてくれるものが古典なのです。「いま、息をしている言葉で」――光文社の古典新訳文庫は、さまよえる現代人の心の奥底まで届くような言葉で、古典を現代に蘇らせることを意図して創刊されました。気取らず、自由に、心の赴くままに、気軽に手に取って楽しめる古典作品を、新訳という光のもとに読者に届けていくこと。それがこの文庫の使命だとわたしたちは考えています。

このシリーズについてのご意見、ご感想、ご要望をハガキ、手紙、メール等で翻訳編集部までお寄せください。今後の企画の参考にさせていただきます。
メール　info@kotensinyaku.jp

光文社古典新訳文庫　好評既刊

コモン・センス

トマス・ペイン
角田 安正 訳

アメリカ独立を決定づけた記念碑的〝檄文〟。国家を冷静な眼差しで捉え、市民の心を焚きつけた当時のベストセラー。「アメリカの危機」「厳粛な思い」「対談」も収録。

フランス革命についての省察

エドマンド・バーク
二木 麻里 訳

進行中のフランス革命を痛烈に批判し、その後の恐怖政治とナポレオンの登場までも予見。英国の保守思想を体系化し、のちに「保守主義の源泉」と呼ばれるようになった歴史的名著。

あなたと原爆 オーウェル評論集

ジョージ・オーウェル
秋元 孝文 訳

原爆投下からふた月後、その後の核をめぐる米ソの対立を予見し「冷戦」と名付けた表題作、「象を撃つ」「絞首刑」など16篇を収録。『1984年』に繋がる先見性に富む評論集。

リヴァイアサン 1・2

ホッブズ
角田 安正 訳

「万人の万人に対する闘争状態」とはいったい何なのか。この逆説をどう解消すれば平和が実現するのか。近代国家論の原点であり、西洋政治思想における最重要古典の代表的存在。

君主論

マキャヴェッリ
森川 辰文 訳

傭兵ではなく自前の軍隊をもつ。人民を味方につける……。フィレンツェ共和国の官僚だったマキャヴェッリが、君主に必要な力量を示した、近代政治学の最重要古典。

光文社古典新訳文庫　好評既刊

カンディード
ヴォルテール
斉藤 悦則 訳

楽園のような故郷を追放された若者カンディード。恩師の「すべては最善である」の教えを胸に度重なる災難に立ち向かう……。「リスボン大震災に寄せる詩」を本邦初の完全訳で収録！

寛容論
ヴォルテール
斉藤 悦則 訳

狂信と差別意識の絡む冤罪事件にたいし、ヴォルテールは被告の名誉回復のため奔走する。理性への信頼から寛容であることの意義、美徳を説いた最も現代的な歴史的名著。

笑い
ベルクソン
増田 靖彦 訳

「笑い」を引き起こす「おかしさ」はどこから生まれるのか。形や動きのおかしさから、情況や言葉、性格のおかしさへと、ベルクソンが「笑い」のツボを哲学する。独創性あふれる思考の営み！

神学・政治論（上・下）
スピノザ
吉田 量彦 訳

宗教と国家、個人の自由について根源的に考察したスピノザの思想こそ、今読むべき価値がある。破門と焚書で封じられた哲学者スピノザの〝過激な〟政治哲学、70年ぶりの待望の新訳！

ニコマコス倫理学（上・下）
アリストテレス
渡辺 邦夫
立花 幸司 訳

知恵、勇気、節制、正義とは何か？　意志の弱さ、愛と友人、そして快楽。もっとも古くて、もっとも現代的な究極の幸福論、究極の倫理学講義をアリストテレスの肉声が聞こえる新訳で！

光文社古典新訳文庫　好評既刊

★続刊

ラブイユーズ　バルザック／國分俊宏・訳

放蕩の限りを尽くし、家族の大事な蓄えまで使い込んだ兄フィリップ。心優しい弟ジョゼフと母は、母の実家に援助を求めようとしたが、そこでは美貌の家政婦が家主を籠絡して実権を握っていたのだった。驚きの展開が待つ「人間喜劇」の一冊。

ソクラテスの思い出　クセノフォン／相澤康隆・訳

アテナイ出身の軍人・文筆家クセノフォンが、師であるソクラテスの日々の姿を自らの見聞に忠実に記した追想録。師への告発に対する反論と、徳、友人、教育などについて対話するソクラテスを、同世代のプラトンとは異なる視点で描いた。

オズの魔法使い　ライマン・フランク・ボーム／麻生九美・訳

竜巻に家ごと吹き飛ばされたドロシーと犬のトトが下り立ったのは、魔女や風変わりな人々のいる世界。家に帰してもらうため、偉大なる魔法使いオズをエメラルドの都に訪ねるが……。かかし、ブリキの木こり、ライオンと繰り広げる大冒険！